盛り付けられた宇宙日本食 (©JAXA)
(http://iss.jaxa.jp/monthly/1307.php)

宇宙食
人間は宇宙で何を食べてきたのか

田島　眞 [著]
コーディネーター　西成勝好

KYORITSU
Smart
Selection

共立スマートセレクション
2

共立出版

はじめに

　宇宙食というと何をイメージするでしょうか．歯磨きのようなチューブに入ったものでしょうか．それとも薬のような錠剤でしょうか．

　今でも，宇宙食と聞くとこのようなものをイメージする人が多いでしょう．その理由は，初期の宇宙食がこのような形態だったからです．そのイメージが強すぎて，今でも宇宙食というとこのようなものをイメージする人が多いのです．事実は，違います．"ほとんど"地上と同じ食事を楽しんでいます．"ほとんど"といったのは，それでも宇宙での食事は地上とかなり違うところがあるからです．本書を読めば，その違いがわかります．

　日本人の宇宙飛行士も，引退した毛利さん，土井さん，山崎さんを含めると12人に上っています．そこで日本人宇宙飛行士のために，宇宙日本食が開発されました．皆さんも海外旅行をすると日本食が恋しくなりますよね．宇宙で活動する飛行士でも同じです．そこで，故郷の味を届けようというものです．宇宙日本食の開発から10年がたちました．その開発の歴史は，日本ならではの特徴があります．その苦労の歴史も紹介したいと思います．

　未来の宇宙食にもふれました．本書を読めば，貴方も宇宙食のエキスパートになれること間違いなしです．

目　次

はじめに

① 宇宙食の歴史 ………………………………………………… 1

　1.1　黎明期　1
　1.2　宇宙食の歴史に革命をもたらしたアポロ計画　2
　1.3　スペースシャトルの時代　6
　1.4　国際宇宙ステーションの時代　7
　1.5　宇宙日本食の誕生　8
　1.6　国際ワーキンググループ　10

② 宇宙食に求められる条件 …………………………………… 12

　2.1　宇宙環境が身体に与える影響　13
　2.2　ISS ミッションにおける宇宙飛行士の栄養要求　17

③ NASA アポロ計画で導入された食品加工技術 …………… 23

　3.1　レトルト殺菌技術　23
　3.2　凍結乾燥による保存技術　25
　3.3　総合衛生管理（HACCP）　26

④ 現在の宇宙食 ………………………………………………… 28

　4.1　NASA の宇宙食　28
　4.2　ロシアの宇宙食　33
　4.3　中国の宇宙食　38
　4.4　その他の国の宇宙食　38

⑤ 日本の宇宙食（宇宙日本食） …………………………………… 43

- 5.1 『宇宙日本食』誕生まで　43
- 5.2 宇宙日本食のコンセプト　45
- 5.3 宇宙日本食の認証基準　45
- 5.4 日本独自のパッケージの開発　60
- 5.5 ラベリング（表示）　66
- 5.6 宇宙日本食認証のための JAXA 分科会　68
- 5.7 開発された宇宙日本食　71

⑥ 日常生活に生きる宇宙食の技術 …………………………………… 99

- 6.1 災害食　99
- 6.2 介護食としての利用　101
- 6.3 機能性食品としての利用　102

⑦ 未来の宇宙食 ……………………………………………………… 104

- 7.1 火星探査飛行に対応する技術開発　104
- 7.2 3D プリンター活用　105
- 7.3 植物栽培　106

おわりに……………………………………………………………………… 108
面白くて役に立つ（コーディネーター：西成勝好）……………… 109
索引…………………………………………………………………………… 114

Box

1. 宇宙で味覚は変わるのか ………………………………………… 16
2. 水 ……………………………………………………………………… 25
3. 放射線殺菌食品 …………………………………………………… 33
4. 宇宙食のナトリウム量 …………………………………………… 48

① 宇宙食の歴史

1.1 黎明期

ガガーリン少佐の最初の宇宙飛行

1961年4月．人類の宇宙探検はこの日から始まった．当時ソ連の軍人，Y. ガガーリン少佐が，ヴォストークによって初めて宇宙飛行をしたのである．ただ，その飛行は地球1周，飛行時間にして1時間48分にすぎなかったので，全飛行時間も短く，食事をとることはなかった．

初期の宇宙食

初めて宇宙で食事をとったのは，ガガーリンの宇宙飛行から遅れること1年，米国ではジェミニ計画での飛行が最初である．この飛行は最長2週間と長かったので，宇宙で食事を提供することが必要となった．

ただ当時は，宇宙環境すなわち無重力の状態で，はたしてヒトが

図1 米国マーキュリー,ジェミニ計画で提供された宇宙食 (©NASA)
(http://www.nasa.gov/centers/johnson/slsd/about/divisions/hefd/laboratories/jsc2008e038825_Mercury-Gemini.html)

正常に食事をとれるのか,食品をうまく飲み込めるのかがわからない.ということで嚥下(食物を飲み下すこと)に支障がないような,錠剤やチューブ入りの食事が開発された(図1はマーキュリー計画の宇宙食).このイメージが強烈だったので,今でも宇宙食というと,こういった形態をイメージする原因となっている.

1.2 宇宙食の歴史に革命をもたらしたアポロ計画

米国第35代大統領,J.F.ケネディは,1961年5月の国民に対する議会演説で,今後10年以内に人類を月に届けることを国民に公約した.それは,冷戦時代にあったソ連への対抗心からであった.宇宙初飛行をソ連に先行されたので,なんとしても失地回復をしたかった.

その公約どおり，アポロ11号によって，人類は月に降り立つことができた．月までの飛行は長い．月周回飛行まで3日間の飛行を必要とした．

この長期間の宇宙飛行に備えるためには，十分な食料の供給が必要である．また，この時期には，無重力状態での人間の食事に対する知識も蓄積されてきた．その結果は，無重力下でも，人間は，普通に嚥下できることである．旧来のチューブ入りや錠剤の形態でなくても，大丈夫ということがわかってきた．

ただし，宇宙食には依然として制約が多い．列記すると，

① ロケットに持ち込める荷物は，軽いほどよい．
② 無重力で喫食可能なもの．液体がこぼれると，空間を漂って回収不能に陥る．
③ 常温で長期間保存可能．宇宙船には，食品保存用冷凍庫も冷蔵庫もない．
④ 完全な衛生性．宇宙で，食中毒を起こしてはならない．

これらの問題を解決するために，NASA（米国航空宇宙局）では，アポロ計画のために，壮大な宇宙食開発計画をたてた．

その一つが，**凍結乾燥技術**（フリーズドライ）の宇宙食への利用である．食品を低温で凍らせて真空下に置くと，水分が昇華によって飛散する．食品から，水分だけが除かれる．水で戻せば，元の形状が回復する．低温下で水分の除去が行われるので，風味や栄養が保たれるのが利点である．重量も水分が除けただけ軽量となる．まさに，宇宙食に最適な技術である．この凍結乾燥技術は，インスタントコーヒーの加工に取り入れようとした最新技術で，いち早く宇宙食製造に利用されたのである．

もう一つが，**レトルトパウチ技術**である．略して，レトルト食品と呼ばれる．この技術はカレーで有名である．これもまだ，巷では

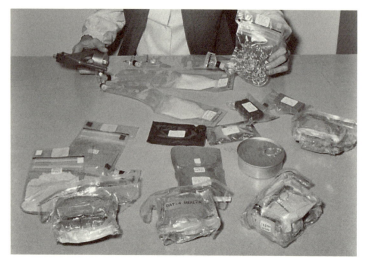

図2 アポロ計画で登場した凍結乾燥食品とレトルト食品 (©NASA)
(http://www.history.nasa.gov/alsj/a16/ap16-S72-19887.jpg)

利用が始まったばかりであった．レトルトの特徴はその保存性にある．缶詰と同様に加圧加熱殺菌されているので，その保存性は数年以上になる．

アポロ計画で利用された凍結乾燥食品とレトルト食品を図2に，また，そのメニューリストを表1に示した．豊富なメニューが並んでいる．これがNASAの宇宙食の特徴である．

宇宙飛行は，人類にとって探検である．日本人の感覚では，探検に行くときの食料は，最低限，空腹を満たすものであればよい．味など，二の次である．これが米国人の感覚では，探検のときも，食事には気を配る．探検だからこそグルメでなければならない．そのために，アポロ計画では，豊富なメニューを用意したのである．

アポロ計画で宇宙食の開発にあたって，重要な技術も開発された．

表1 アポロ計画で用いられた食事, 飲み物リスト

飲み物
ココア (RD), コーヒー (RD), グレープジュース (RD), グレープフルーツジュース (RD), グレープパンチ (RD), オレンジグレープフルーツジュース (RD), オレンジジュース (RD), パイナップルグレープフルーツジュース (RD), パイナップルオレンジジュース (RD)

朝食
ベーコンスクエア (IM), シナモントーストパンキューブ (D), カナダ風ベーコンとりんごソース (RSB), コーンフレーク (RSB), フルーツ盛り合わせ (RSB), ソーセージパテ (RSB), スクランブルエッグ (RSB), 桃 (RSB), フルーツ盛り合わせ (味付) (RSB), あんず (IM), 桃 (IM)

キューブ, キャンディー
ブラウニー (IM), キャラメルキャンディー (IM), チョコレートバー (IM), クリームチキンバイト (D), チーズクラッカー (D), チーズサンドイッチ (D), ビーフサンドイッチ (D), グミキャンディー (IM), ビーフジャーキー (IM), ピーナッツキューブ (NS), ナッツ (IM), パイナップルケーキ (IM), 砂糖クッキー (D), ターキーバイト (サラミのような肉の乾物) (D)

デザート
りんごソース (RSB), バナナプリン (RSB), バタースコッチプリン (RSB), チョコレートプリン (RSB), クランベリーオレンジソース (RSB), 桃 (RSB)

サラダ, スープ
チキンライススープ (RSB), エビのクリームスープ (RSB), 豆のスープ (RSB), ジャガイモスープ (RSB), えびのカクテルソース和え (RSB), トマトスープ (RSB), ツナサラダ (RSB)

サンドイッチ, パン
スライスしたパン (NS), ケチャップ (NS), チェダーチーズ (NS), チキンサラダ (T), ハムサラダ (T), ゼリー (NS), マスタード (NS), ピーナッツバター (NS)

肉
牛肉のポットロースト (鍋煮込み) (RSB), 牛肉の野菜添え (RS), ビーフシチュー (RSB), チキンライス (RSB), チキンと野菜 (RSB), チキンシチュー (RSB), 豚とジャガイモの蒸し焼き (RSB), ミートソーススパゲッティー (RSB), 牛肉とグレイビーソース (肉汁ソース) (T), フランクフルト (T), ミートボールソース (T), 七面鳥とグレイビーソース (肉汁) (T)

RSB (rehydratable spoon bowl) －スプーンボウル. RD と同じ形態であり, スプーンで食する.
RD (rehydratable drink) －凍結乾燥食品
IM (intermediate moisture) －中間水分食品

D（dehydrated）－乾燥食品
T（thermostabilized）－レトルト食品
NS（natural state）－自然形態食品
（Lyndon B. Johnson Space Center Flight Crew Support Division.
http://history.nasa.gov/SP-4029/Apollo_18-38_Baseline_Apollo_Food_and_Beverages.htm）

それは，**HACCP**（Hazard Analysis and Critical Control Point）である．和訳は，危害分析重要管理点である．何かというと，加工食品を製造する際の衛生管理の方法である．加工食品を原材料から製造するときには，衛生的に作らなければならない．衛生的につくられたかどうかを検証する手段として，従来は，抜き取り検査という手法を用いている．製品のいくつかを抜き取って微生物検査を行い，衛生性を確認する方法である．抜き取ったものが衛生的なら，残りも大丈夫だろうと推定するのである．つまり，全数を検査しているわけではない．もれたものも衛生的であると推定するだけである．宇宙食ではそれでは不安が残る．そのために HACCP という手法を開発した．詳細は第 3 章で詳述するが，この手法は，現在では多くの加工食品製造に活用され，人々の生活に役立っている．

1.3 スペースシャトルの時代

　1981 年にスタートしたスペースシャトル計画は，それまでのロケット使い捨てを改め，ロケットの再利用という画期的な技術である．そのコンセプトは再利用によるコスト削減であった．そのコンセプトは正しかったのだが，思いもかけない落とし穴があった．それは，シャトルの飛行中でのダメージである．シャトルは再利用するために，宇宙から大気圏に帰還する．この大気圏への帰還にあたってのダメージが，想像以上に厳しかったのである．シャトルには，大気突入の温度上昇に備えて耐熱タイルを貼っているが，これを再

利用時には，何十枚も貼り換えなければならない．そのほかにも，再飛行に備えた検査に手間がかかり，予想したコスト削減ができなかった．2度の事故で，シャトルを2機失い，スペースシャトル利用は2011年に終了した．

スペースシャトルの特徴は，大きな荷物室である．1回に最大25トンの荷物の運搬が可能である．この運搬能力を生かして，国際宇宙ステーション（International Space Station：ISS）の組立てが行われたのはご存知だろう．

この運搬能力のおかげで，宇宙食の重量制限が緩和されボーナス食の採用も始まった．それまで宇宙食は，NASAかロシア宇宙局が提供するものしか宇宙飛行士は利用できなかった．これとは別に，宇宙飛行士が好きなもの，たとえば"故郷の味"を持ち込むことが可能となった．これをボーナス食という．新鮮なフルーツをもっていくことも可能となった．

スペースシャトルを利用したフライトのために，NASAが用意したメニューリストを表4に示した（30ページ参照）．例をあげればコーヒーだけで，18種類も用意されている．

1.4 国際宇宙ステーションの時代

国際宇宙ステーション（ISS）計画は1999年から始まった．その名のとおり，米国，ロシアをはじめ世界15カ国が参画している．日本は，当初からの参加である．

NASAとロシアのメニューは，スペースシャトル時代と基本的に同じである．

例として，STS92ミッションに搭乗した若田飛行士の食事メニューを表2に示した．1日に3食が提供され，ある1日のメニューである．このメニューは，フライトが決定すると，NASAのヒュ

表2 STS92ミッションで若田飛行士が摂ったとされる宇宙食

朝食
乾燥桃（IM）
メキシカンスクランブルエッグ（R）
バタークッキー（NF）
ストロベリーインスタントブレックファスト（B）
オレンジパイナップルジュース（B）

昼食
シュリンプカクテル（R）
チキンコンソメ（B）
七面鳥のテトラッツィーニ（R）
アスパラガス（R）
トルティーヤ（FF）×2
バナナプリン（T）
オレンジジュース（B）

夕食
シュリンプカクテル（R）
七面鳥の薫製（I）
チキンライス（R）
マッシュルーム・グリーンピース添え（R）
トルティーヤ（FF）×2
グラノラバー（NF）
オレンジグレープフルーツジュース（B）×2

I：放射線照射食品，IM：中間水分食品，R：凍結乾燥食品，NF：自然形態食品，B：飲料，FF：生鮮食品，T：レトルト食品
(http://spaceflight.nasa.gov/shuttle/archives/sts-92/crew/menus/menuwakata2.html)

ーストン事務所に飛行チームが集まり，試食を行い，食べ方の指導も受ける．

1.5 宇宙日本食の誕生

　ISSに日本人飛行士の搭乗が始まって以来，NASDA（JAXA（宇宙航空研究開発機構）の前身）では最初の日本人宇宙飛行士で

ある毛利衛さんも，女性宇宙飛行士向井千秋さんも，NASA あるいは，ロシアの宇宙食を利用していた．日本食は，わずかなボーナス食を利用しているにすぎなかった．

 そんな状況の中で，日本人の宇宙飛行士のために日本の食事を提供できないかとの話が持ち上がった．NASDA の宇宙飛行士の健康管理を行っている部署に松本暁子博士がいた．松本博士は，精神科医でもあり，日本人の飛行士が長期間宇宙に滞在すると精神的なストレスがかかる，そのストレスを解消するには，日本食が欠かせない．そのために，日本独自の宇宙食の開発が欠かせない．そう提唱し，ISS の運用を行っている国際協議の場で提案し了承を得たのである．今から 10 年ほど前，2004 年のことである．

 NASDA（JAXA）には，当然ながら宇宙食を製造する設備はない．ちなみに，NASA ではヒューストンの敷地に隣接して，宇宙食製造企業（United States Alliances）が立地している．ロシアの詳細は定かでないが，宇宙局が自前で製造を行っている．

 宇宙日本食の開発にあたって，その体制をどうしたらよいのか．ロシアのように設備を自前で持つのか，NASA のように下請け生産を行うのか．NASDA はそのいずれも選択しなかった．民間の食品製造企業に生産を委託することにしたのである．そうはいっても，食品製造企業では，どのような食品を製造したらよいか全くわからない．そこで，日本の食品製造企業が集まっている，社団法人日本食品科学工学会に協力が求められた．学会は，傘下の企業に声をかけ，有力企業 10 社の協力のもとに，チームを作り製造に乗り出した．

 NASDA は，宇宙日本食の認証基準を作成し，この基準に合格したものを宇宙日本食として認証することにした．

 当初の認証は，日本食品科学工学会の中に設けられた宇宙日本食

専門家委員会（委員長は著者）で行われていたが，現在は，JAXA 有人サポート委員会の宇宙食分科会（分科会長は著者）が行っている．

1.6 国際ワーキンググループ

ちょうどその頃，ISS に参画している他の国でも自国の飛行士には自国産の食事を提供したいという気運が盛り上がった．そこで，ISS の運用委員会の下に，ワーキンググループが設けられた．ワーキンググループでは，各国の飛行士に提供する食事について，統一的な基準を設けることにした．基準は"ISS Food Plan"として批准され，2004 年に発効した．逆にいえば，この Plan に従えば，各国は，自国の宇宙飛行士向けに自由に自国のメニューを提供できる．

そこで，宇宙日本食もこの ISS Food Plan に合致するように，認証基準を作ることにした．

ISS Food Plan は，宇宙食の栄養基準，品質基準，衛生基準はもとより保存試験や輸送方法まで定められている（図 3）．

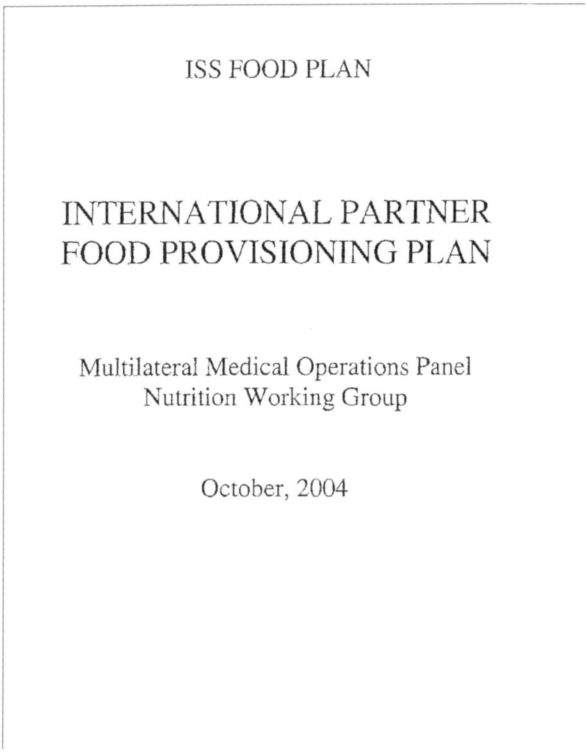

ISS FOOD PLAN

INTERNATIONAL PARTNER FOOD PROVISIONING PLAN

Multilateral Medical Operations Panel
Nutrition Working Group

October, 2004

図3 ISS Food Plan の表紙
宇宙食開発のバイブルである.

宇宙食に求められる条件

　宇宙空間での食事には，人体の側では全く問題はない．無重力（正確には，微小重力）でも，ヒトは問題なく食べ物を嚥下できる．

　問題は食品側にある．液体は，容器からこぼれると玉になり，空間を浮遊する（図4）．こぼれた飲み物が，機器に触れたら故障の原因となってしまう．したがって，宇宙食には適度な粘度が求められる．

　匂いがきついものもご法度である．狭小な密閉空間では，匂いがほかの人の迷惑になってしまう．

　くだけやすいものも困る．せんべいのくずが，浮遊しても困る．

　さらに，宇宙食は一口で食べられるものでないと困る．宇宙食を喫食するときに使用するテーブルセットにナイフはない．フォークとスプーンのみである．ナイフを使用して肉をカットしようすると，無重力では，肉は，皿の上をすべってしまうのである．

　これらに留意して，宇宙食は作られている．

図4 無重力空間で，飛散する液体（©NASA）
(http://spaceflight.nasa.gov/gallery/images/station/crew-6/html/iss006e08778.html)

2.1 宇宙環境が身体に与える影響

スペースシャトル時代から宇宙での滞在が長くなると，宇宙飛行士の身体にいろいろな影響が出てくる．無重力が，人体の機能に影響を及ぼすからである．

骨の退化

無重力は，骨の退化をもたらす．人間は，地球上の重力に耐えるために骨を進化させてきた．体重を支えるために骨格を備えている．ヒトの骨は，ほかの組織と同様に代謝を繰り返している．皮膚についた傷が時間を経て癒えるのは，皮膚が再生されるからである．骨も破骨細胞の働きで壊れ，造骨細胞の働きで新生されている．その

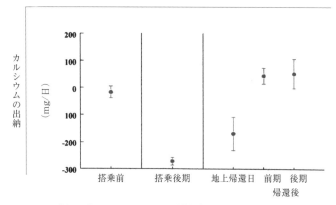

図5 骨よりのカルシウムの脱離（ミール18での試験）

搭乗後期には，1日に300 mgのカルシウムが骨より脱離する．地上帰還後には回復するが，元に戻るには時間がかかる．
(出典：Smith, S. M. et al., *Am. J. Physiol.*, 277, R1-10, 1999)

量は，体への負荷によって左右される．運動による負荷がかかると，新生量は増加する．無重力下では，まったく負荷がかからないので，新生量はごくわずかである．そのために，破骨量が一定なので，骨は退化することになる．

図5は，長期間宇宙飛行した飛行士の骨の代謝を示したものである．搭乗前の骨からのカルシウムの収支に対して，滞在終期には1日に300 mgの骨からの脱着があり，宇宙飛行士の骨は退化する．これが，帰還後には収支は回復する．

筋肉の減少

骨と同様に筋肉も退化する．無重力で負荷がかからないから，退化するのである．高齢になって寝たきりになると，やはり負荷がかからないので，退化することが知られている．無重力では，寝たきりの2倍のスピードで筋肉は退化するといわれている．

骨と筋肉による退化を予防するには，重力すなわち負荷をかけることである．スペースシャトルあるいはISSには十分なスペースがあるので，さまざまな運動器具が用意され，飛行士は勤務の間に一定時間，運動することが義務付けられている．運動器具としては，自転車エルゴメーター，トレッドミル，抵抗性バンジーコード（バンジージャンプに用いられる伸縮性のあるロープ）が使用されている（図6）．

食事から摂取する栄養素にも，退化のスピードを緩和する効果をもつものがある．骨の退化を防止するには，カルシウム，ビタミンD，それにポリフェノールの一種のイソフラボンが有効である．

筋肉の退化の予防には，アミノ酸，とくに分岐鎖アミノ酸

図6　運動に用いられる器具（エルゴメーター）

(BCAA)が有効である.

放射線の曝露

　宇宙環境は無重力環境で,これが宇宙飛行士の身体に多くの影響を与える.

　これと並んで,もう一つの影響は放射線である.ご承知のように,私たちの宇宙には,宇宙線という放射線が飛び回っている.多くは太陽から放射される.太陽では,核爆発が継続しており,それが太陽エネルギーである.その副産物として放射線が放出される.放出された放射線は地球上にも降り注ぐ.

　極地で観測されるオーロラは,この放射線が大気との相互作用で発生するものである.このように太陽からの放射線の大部分は,大気の働きで減衰し,地上まで届くのはわずかである.宇宙船は,大気圏の外を飛行しているので大気のバリアーがなく,直接,放射線

Box 1　宇宙で味覚は変わるのか

　これは,よく質問される問題である.が,結論が出ていないというのが正直なところである.

　宇宙空間は無重力なので,地上では体の下部(脚)にある体液が,体の上部に集まる.宇宙に滞在している飛行士の写真を見ると,皆,顔が丸い.ムーンフェイスという.体液が頭のほうに集まると,鼻がつまったような感覚となる.そのために味覚が鈍くなるといわれる.風邪で鼻がつまると,味覚が鈍るのはよく経験する.そのために,宇宙食は味付けを濃い目にしてある.

　しかし最近の情報では,飛行士によって個人差があり,宇宙に行っても必ずしもすべての飛行士が味覚が鈍くなるということはない,といわれている.宇宙飛行士にも個人差があり,味覚が鈍くなるのが,共通的なものかどうかは,未だ結論が出ていない.

を浴びることになる．観測によれば，ISS に滞在する飛行士は，1日に1ミリシーベルト（mSv）の曝露を受ける．

一般の人の放射線曝露の許容量には議論もあるが，1年に1 mSv が，長期的（一生涯）に影響が出ない値とされている．宇宙飛行士は，この量を1日で浴びるのである．

宇宙飛行が短期の場合は問題視されていなかったが，1年以上の長期になると無視できない話である．ただこれまで，宇宙に行った飛行士が引退してから，放射線による影響を受けたという証拠はない．

放射線による障害の第1歩は，簡単にいえば酸化反応である．身体の細胞内に活性ラジカルが生成する．生成したラジカルが，細胞内の物質，とくに遺伝子を損傷し，影響を及ぼす．

食事から摂取する抗酸化物質は，体内でのラジカル発生を抑制する．抗酸化物質としては，ミネラルのセレン，ビタミンのE，色素のカロテノイドなどがある．

2.2 ISS ミッションにおける宇宙飛行士の栄養要求

宇宙空間での長期間滞在は，宇宙飛行士の身体にさまざまな影響を及ぼす．その影響は，食事によって一部は回避できる．また，しなければならない．

そこで，ISS Food Plan（10 ページ参照）でも食事によって影響を軽減する栄養要求を定めている．

ISS Food Plan が定めた宇宙飛行士の栄養要求

この基準を，表3に示した．

・宇宙飛行士のカロリーはどれくらい必要か

エネルギー（カロリー）は，栄養の中で最も重要である．無重力

表3 宇宙飛行士の栄養要求（ISS360日ミッション，NASA）

栄養素	ISS（120～360日を想定した値）男性	日本の食事摂取基準※ 男性	単位
エネルギー	2,678[※1]	2,450～2,650[※2]	kcal/日
たんぱく質	12～15[※3]	13～20[※4]	% 総摂取カロリーに対する割合
脂肪	30～35	20～30[※5]	% 総摂取カロリーに対する割合
炭水化物	50～55	50～65[※5]	% 総摂取カロリーに対する割合
食物繊維	10～25	20以上[※5]	g/日
水分	1.0～1.5[※6]	(－)[※7]	ml/kcal
ビタミンA	1,000	850～900[※8]	μgRAE[※10]/日
ビタミンD	10	5.5[※9]	μg/日
ビタミンE	20	6.5[※9]	mg/日
ビタミンK	80	150[※9]	μg/日
ビタミンB_1	1.5	1.3～1.4[※8]	mg/日
ビタミンB_2	2	1.5～1.6[※8]	mg/日
ナイアシン	20	14～15[※8]	mgNE[※11]/日
ビタミンB_6	2	1.4[※8]	mg/日
ビタミンB_{12}	2	2.4[※8]	μg/日
葉酸	400	240[※8]	μg/日
パントテン酸	5	5[※9]	mg/日
ビオチン	100	50[※9]	μg/日
ビタミンC	100	100[※8]	mg/日
ナトリウム	1,500～3,500	3,149以下[※5]	mg/日
カリウム	3,500	2,500[※9]	mg/日

カルシウム	1,000〜1,200	650〜800[※8]	mg/日
マグネシウム	350	340-370[※8]	mg/日
リン	カルシウム摂取量の1.5倍を超えない量	1,000[※9]	mg/日
鉄	10	7.0〜7.5[※8]	mg/日
亜鉛	15	10[※8]	mg/日
銅	1.5〜3.0	0.9〜1.0[※8]	mg/日
マンガン	2〜5	4[※9]	mg/日
ヨウ素	150	130[※8]	μg/日
セレン	70	30[※8]	μg/日
クロム	100〜200	10[※9]	μg/日
フッ化物	4	(−)[※7]	mg/日

※日本人の食事摂取基準 2015 年度版
※1 体重 60 kg 男性（30〜60 歳）と仮定した場合の値
以下の式に基づき算出した
男性：(18〜30 歳)：$1.7(15.3 \times 体重(kg) + 679) = kcal/日$　必要量
　　　(30〜60 歳)：$1.7(11.6 \times 体重(kg) + 879) = kcal/日$　必要量
女性：(18〜30 歳)：$1.6(14.7 \times 体重(kg) + 496) = kcal/日$　必要量
　　　(30〜60 歳)：$1.6(8.7 \times 体重(kg) + 829) = kcal/日$　必要量
上記の式は，活動レベルが通常の場合に用いる．
※2　推定エネルギー必要量，男性 18〜69 歳，身体活動レベル II の値
※3　必須アミノ酸をバランスよく摂取し骨格筋の変化を抑制するため，動物性たんぱく質，植物性たんぱく質の割合は 6：4 が理想的．
※4　目標量（中央値）
※5　目標量
※6　2,400 ml/日は最低消費されている．
※7　日本人の食事摂取基準には設置されていない．
※8　推奨量
※9　目安量
※10　レチノール当量
※11　ナイアシン当量

では，体を動かさないので，カロリーは少なくてすむ気がする．しかし，ISS で活動する宇宙飛行士は，さまざまな任務があるので，かなりカロリーを消費する気もする．どうなのだろうか．

ワーキンググループが定めたものは，表にあるようにかなり複雑な式であるが，基本的には体重に依存しているだけである．

この式で，体重 60 kg の 40 歳代男性飛行士に当てはめると，2,678 kcal となる．ちなみに，厚生労働省が決めた日本人の食事摂取基準で，同年代の男性のカロリー必要量は，身体活動レベル II（普通）で，2,650 kcal と全く同等である．つまり，宇宙においても，カロリー必要量は，地上と全く変わらないのである．

・たんぱく質の必要量

たんぱく質は，身体を保つために必要な栄養素である．これは，摂取カロリーの 12〜15% の範囲と定められている．先ほどの 40 歳代男性宇宙飛行士では，315〜394 kcal，すなわちたんぱく質量にすると 78〜98 g となる．これは多い．日本人の食事摂取基準では 60 g である．何でこんなに多いのかというと，筋肉の衰えを防ぐためである．前述したように，宇宙飛行中で飛行士の筋肉は衰弱する．この衰弱を防ぐために，たんぱく質を過剰に摂取するのである．

動物性たんぱく質と植物性たんぱく質の摂取割合は 6：4 が望ましいとされている．これは，人体に必要な，不可欠アミノ酸が動物性たんぱく質に多いからである．

・炭水化物と糖と食物繊維

炭水化物は，摂取カロリーの 50〜55% の摂取が望ましい．先ほどの宇宙飛行士の場合，カロリーでいえば 1,313〜1,576 kcal，重量では 328〜394 g である．このうち，砂糖などの糖類からの摂取は，10% 以下とする．

腸の環境を改善し便秘を予防するために，10〜26 g の食物繊維

の摂取が望ましい．日本人の食事摂取基準では20 g以上としているので，まあ，妥当である．

・脂質

脂質の摂取は，摂取カロリーの30〜35％の範囲としている．これは，日本人の食事摂取基準である，20〜30％の範囲からは大きく逸脱している．これは，日本人の食生活と欧米人の食生活の実情を反映した結果である．日本人の食生活である和食は，きわめて健康的で脂肪の摂取が少ない．これに対して欧米人は，肉や乳製品が多く脂質の摂取量が多い．NASAが用意する食事は，欧米人の食事を基本としているので，どうしても脂肪が多くなるのである．

多価不飽和脂肪酸と一価不飽和脂肪酸の摂取割合は，1：1.5〜2：1が望ましいとされているがかなり幅がある．この基準をクリアするのはたやすい．

・水分

水分の摂取は，腎臓機能の維持や脱水症を予防するのに大切である．水分必要量は，摂取カロリー1 kcalあたり1〜1.5 mlが望ましい．2l以上である．ただし，飲み物として摂取しなくても，水分を含んだ食事から補えればよい．

・ビタミン

脂溶性ビタミンのビタミンDの必要量が，日本人の基準よりも倍近い．ご存知のようにビタミンDは，骨の形成に欠かせないビタミンである．宇宙飛行士の骨の形成を助けるために，多くしてある．

水溶性ビタミンの葉酸の必要量が，日本人の食事摂取基準よりも多いのは，葉酸が放射線による体内酸化を抑制することが期待されているからである．

・ミネラル

 当然ながら，カルシウムの必要量が多い．骨の形成にカルシウムは必須である．

 セレンが多いのも，放射線による体内酸化の抑制のためである．

 ナトリウムは，日本人の食事摂取基準と同等である．

 Box1 に記載したが，宇宙に行くと味覚が鈍くなるらしいので，おいしい宇宙食を提供するために，味付けを濃い目にしてある．そのために，実際の宇宙食では，この基準を逸脱しがちである．NASA では，今後，開発する宇宙食の低塩化を推奨している．宇宙日本食でも，同様に新しく認証するものは，ナトリウム含量が少ないものを選択する予定である．

 日本で開発した宇宙日本食は，ワーキンググループが定めた栄養要求を満たすとともに，より積極的に宇宙飛行士の健康を維持する機能ももたせることを，そのコンセプトに掲げた．このことは，第5章で記述する．

③

NASA アポロ計画で導入された食品加工技術

　人類を月に送り込むという，J.F.ケネディの公約は，NASAのアポロ計画として実現した．この計画は，冷戦下のソ連に対抗して，米国が国の総力を挙げて取り組んだ．そのために，宇宙食においても，それまでに食品工業で開発が進められていた最新技術を取り入れることとなった．それらには，食品の長期保存技術である，レトルト殺菌技術，食品の軽量化をはかる凍結乾燥技術，食品の衛生を確保するHACCP技術がある．

3.1 レトルト殺菌技術

　食品を気密性の容器に充てんして加熱殺菌すれば長期間保存できることは，200年以上前にフランス人のニコラ・アペールによって発明され，缶詰として実用化されている．缶に代わってフレキシブルなアルミ袋を用いるのが，レトルト（パウチ）食品である．アルミ袋は缶よりもその形態が薄いので，熱の伝わりが速く，中身の食品が短時間で殺菌できる．そのために，缶詰と比較すると風味の劣

化が少ない．缶詰には独特の缶詰臭（それが好みという人もいる）があるが，レトルト食品では調理したままの風味が残る．当然，栄養素の破壊も少ない．現在では多くのインスタント食品がレトルト食品として市販されている．

レトルト食品の技術は，1950年代に米国で開発が始まったが，この技術をいち早く採用したのがアポロ計画であった．日本では，大塚食品㈱からレトルトカレーが発売されたのは1968年で，アポロ計画の始まった1961年よりも後のことである．

図7にアポロ計画で採用された，レトルト食品の宇宙食を示した．

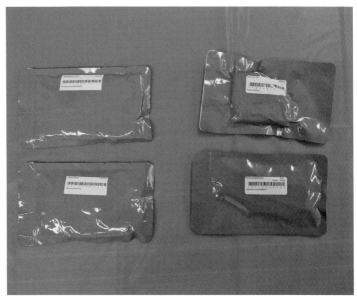

図7 アポロ計画で採用されたレトルト食品（©NASA）
左上：クックドコーン　右上：グリルドチキン　左下：ベイクトビーン　右下：バーベキュービーフ（http://www.nasa.gov/mission_pages/shuttle/shuttlemissions/sts135/american_meal.html）

3.2 凍結乾燥による保存技術

食品を凍結して高真空下に置くと,水分は昇華によって除かれる.できた製品の重量は,大幅に減少する.ロケットの搭載重量に制限がある宇宙食としては最適な技術である.しかも,低温ですべての工程が行われるので,食品成分の変化がほとんどない.風味は残存し栄養素の破壊もない.

凍結乾燥技術(フリーズドライ)は,優れた食品保存技術であるが,凍結・真空という技術を使うのでコストが非常に高い.そのために,実用化は価格が高くても売れる嗜好品が最初である.1960年代に米国で,インスタントコーヒーに実用化されていた.この技術を,いち早く採用したのもアポロ計画の宇宙食であった.

凍結乾燥した宇宙食は,喫食するときは水で戻さなければならない.宇宙の無重力空間では,水の取扱いはやっかいである.そこで,注入口付きの容器の開発と,給湯器が開発された.この技術は,その後のスペースシャトル,ISSにも受け継がれている.

アポロ計画で採用された,凍結乾燥した宇宙食を示した(図8).

レトルト技術と,凍結乾燥技術によりアポロ計画の宇宙食は,豊

Box 2 水

凍結乾燥食品は,食べる際には復水しなければならない.この水はどうしているのだろうか.凍結乾燥により重量を減少させても,その分の水を運ぶのでは運搬する荷物の重量減少にならない.スペースシャトルでは電力を得るために,燃料電池を使用していた.燃料電池は,水素と酸素を反応させて発電する.その際に副産物として水が発生する.この水を利用したのである.まさに一石二鳥である.現在では,この他に地上から持参した水,廃液を再利用した水なども利用している.

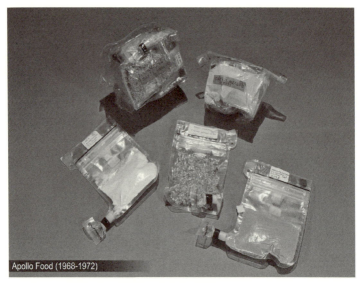

図8 アポロ計画で採用された凍結乾燥食品 (©NASA)
(http://www.nasa.gov/centers/johnson/slsd/about/divisions/hefd/laboratories/jsc2008e038823_Apollo_Food.html)

富なメニューをそろえることが可能となったのである．

3.3 総合衛生管理（HACCP）

 宇宙食は，完全な衛生性が求められる．宇宙では食中毒を絶対に避けなければならないからである．

 加工食品を衛生的に製造することは，食品企業にとっても最大の関心事である．食品が衛生的に製造されたかどうかを検証する方法としては，一般に抜き取り検査という方法を使う．ワンロット，たとえば100個の製品から1個を抜き取り，これの微生物検査を行い，その結果が陰性であれば，残りの99個も衛生的に製造されたものと判断するという方法である．

一面，合理的な方法であるが，あくまでも確率の話である．100個のうち，1個が安全ならば残りの99個が安全と推定するにすぎない．

そこで，100個が100個，安全であることを保障する方法として，HACCPがNASAによって開発された．宇宙食を製造するために，新しい衛生管理手法を開発したのである．さすが，月に人類を送り込むためには金に糸目をつけないNASAである．

HACCPとは，簡単にいえば，食品の加工の段階，すなわち原料から製造・調理・製品までの各段階を衛生的に管理して，製品の衛生性を確保する手法である．まず，各段階で，どのような処理を行えば，どう衛生性に影響が出るかを確認して，衛生性が確保できるように食品を処理する．たとえば，レトルト食品の場合，加圧加熱処理を120℃，4分間の処理が衛生性を確保するために必要な条件であり，全製品にこの条件の処理を行うのである．こうすることで，できた製品すべての衛生性を確保するのである．

HACCPによる製造は，その後の宇宙食にすべて取り入れられている．それだけでなく，市販の食品でもHACCPを導入することは，衛生性を確保した商品の生産に適することから取り入れる企業が増えている．厚生労働省でも，企業に導入を勧めている．

宇宙技術が，日常生活に大きな変革をもたらした良い例である．

現在の宇宙食

　宇宙食は，宇宙飛行士のための食事なので，宇宙に人を送り込んでいる国で必要となる．現在，宇宙に人を送り込んでいるのは，国際宇宙ステーション（ISS）に参画している国（米国，日本，ロシア，カナダ，欧州宇宙機関（ESA：European Space Agency）加盟の各国（ベルギー，デンマーク，フランス，ドイツ，イタリア，オランダ，ノルウェー，スペイン，スウェーデン，スイス，イギリス）の15カ国）と，中国である．

　ISS に搭乗する飛行士の食事は，基本的に NASA（米国宇宙航空局）とロシアが1対1で供給する．そこで，NASA とロシアの宇宙食をまず紹介しよう．

4.1 NASA の宇宙食

　NASA の宇宙食は，アポロ計画でほぼ完成したものである．レトルト食品と凍結乾燥（フリーズドライ）食品が主流である．

　水分活性[†]が低い中間水分食品は，長期間保存できるので，やは

り宇宙食として採用されている.

マヨネーズなどの調味料も保存期間が長いので,そのまま宇宙食として利用される.

表4に現在のNASA宇宙食の一覧を示した.この表で,(T)はレトルト食品,(R)は凍結乾燥食品,(IM)は中間水分食品,(I)は放射線照射食品,(NF)は自然形態食品,(B)は飲料,＊は絶対菜食主義者用,A/Sは人工甘味料である.

また,表5は,NASAの宇宙食の栄養成分データである.ビーフステーキなどおいしそうだが,飽和脂肪酸が4.7 g (100 gあたり),ナトリウムが492 mg (同)【食塩相当量は1.25 g】と多い.おいしいものは,油と塩が多いのは宇宙食も同じである.NASAでは,今後,認証する宇宙食はナトリウム含量が少ないものを推奨している.おいしさよりも宇宙飛行士の健康を優先させるためである.

NASAの宇宙食は,ヒューストンにあるNASAジョンソン宇宙センターに設置されたフードラボ(責任者ビッキー女史)で試作が行われ,さまざまな検査を経て,宇宙飛行士用の食品はジョンソン宇宙センターに隣接した協力工場(United States Alliances)で製造される.

この他に,果物などの生鮮食品が,ロケット打ち上げの直前に,基地(NASAの場合は,フロリダのケネディ宇宙センター)のキ

---

† 水分活性
　食品中に含まれる水のうち,微生物に利用される水の割合を示す指標.肉や魚など生鮮食品は0.97以上,せんべいのような乾燥食品は,0.6以下.0.8以下では,微生物は繁殖しない.糖や塩分は水分活性を低下する作用がある.大福がその例.糖アルコールなどを添加すると,水分活性を低下することができ,中間水分食品といって,保存食品となっている.

表4 NASAの宇宙食メニュー

【飲み物】
リンゴサイダー,朝食ドリンク(チョコレート味,イチゴ味,バニラ味),チェリードリンク A/S,ココア,コーヒー(ブラック),コーヒー(A/S,クリーム入り,クリーム入り A/S,クリーム砂糖入り,砂糖入り),カフェイン抜きコーヒー(ブラック,A/S,クリーム入り,クリーム入り A/S,クリーム砂糖入り,砂糖入り),ブドウジュース,ブドウジュース(A/S),グレープフルーツジュース,コナコーヒー(ブラック,A/S,クリーム入り,クリーム入り A/S,クリーム砂糖入り,砂糖入り),レモネード(A/S),レモンライムジュース,オレンジドリンク(A/S),オレンジグレープフルーツジュース,オレンジジュース,オレンジマンゴージュース,オレンジパイナップルジュース,桃杏子ジュース,パイナップルジュース,イチゴジュース,紅茶(ストレート,A/S,クリーム入り,レモンティー,レモンティー A/S,レモンシュガー,砂糖入り),トロピカルパンチ,トロピカルパンチ A/S

【パン】
シナモンロール(NF),ディナーロール(ロールパン)(NF),トルティーヤ(NF),ワッフル(NF),小麦から作られる平たいパン(NF)

【シリアル】
Chex(商標)シリアル(R),コーンフレーク(R),グラノーラ(プレーン,ブルーベリーまたはレーズン)(R),グリッツ(バター入り)(R),オートミール(R)(黒糖またはレーズン),ライスクリスプ(商標)米で作った朝食用シリアル(R)

【主要料理】
焼どうふ(T)*,牛ばら肉のバーベキュー(I),牛肉のエンチラーダ(メキシコ料理,トルティーヤをさっと油通ししてから肉,野菜,豆を包み,チーズをふりかけてオーブンで焼き,トマトベースのソースを添えたもの)(I),牛肉のファフィータ(主に小麦のトルティーヤに乗せて供される,グリルした肉料理の総称)(I),牛肉のラビオリ(T),牛肉のステーキ(I),ビーフストロガノフ(R),牛肉チップスのマッシュルーム添え(I),朝食用小型ソーセージ(Links はおそらく会社名)(I),チェダーチーズスプレッド(パンなどに塗れるようにチェダーチーズを柔らかくペースト状に伸ばしたもの)(T),チーズトルティーニ(正方形の生パスタの中に具材を置き,三角形に折ったその端と端をくっつけて形作られるもの)(T),チキンのファフィータ(T),チキンサラダ(R),裂いたチキンのチリソース添え(T),照り焼きチキン(I),チキンのピーナッツソース添え(T),チキンとパイナップルのサラダ(R),ザリガニのエトフェ(エトフェ:深鍋に野菜を敷き,その上に肉をのせしっかりと蓋をし密封状態にして火を入れる調理法)(T),野菜のカレーソース添え(T)*,特別な日のチキン(T),グリルチキン(T),グリルポークチョップ(T),ハム(T),肉のラザニア(T),ミートローフ(T),メキシカンスクランブルエッグ(R),エビのパスタ(R),ピーナッツバター(T),ソーセージのパテ(R),スクランブルエッグ(R),シーフードガンボ(ガンボ:おくら)(アメリカ南部ミ

シシッピ川周辺のケイジャン料理．スープ料理のひとつ）（T），味付きスクランブルエッグ（R），エビのカクテルソース和え（ケチャップにレモン汁，ホースラディッシュ，タバスコ，シェリービネガーを少量入れたソース）（R），エビチャーハン（R），スモークターキー（I），スパゲッティミートソース（R），チキンの甘酸っぱくしたソース和え（R），酢豚（T），照り焼きビーフステーキ（I），照り焼きチキン（R），豆腐の甘味噌添え（T）*，豆腐のからしソース添え（T）*，マグロ（T），ツナと麺のキャセロール（キャスロール：中深鍋）（鍋で煮た料理の意味）（T），ツナサラダサンド（T），鶏のテトラツィーニ（クリームソースとキノコのパスタ料理）（R），野菜のキッシュ（R）

【果物】
リンゴソース（T），香辛料を添えたリンゴ（T），ドライベリー（R），フルーツ盛り合わせ（T），芳香な桃（R），桃（T），梨（T），パイナップル（T），イチゴ（R）

【スープ】
ビーフシチュー（T），コンソメチキン（B），チキンヌードル（T），酸辣湯（サンラータン）（T），ミネストローネ（T）*，マッシュルーム（R），ジャガイモ（T），チキンライス（R），トマトバジル，スプリットピー（さやえんどうのスープ）（T），菜食主義者の野菜（T）*

【スナック＆菓子】
アーモンド（NF），アプリコットコブラー（味付けした桃の上にクランブル（バターと砂糖，小麦粉を混ぜて粒状にしたものを焼くなどさまざまな方法がある）（T），バナナプリン（T），パンプリン（T），ブラウニー（NF），バタークッキー（NF），バタースコッチプリン（T），キャンディー（チョコレートまたはピーナッツでコーティングしたもの）（NF），カシューナッツ（NF），チェリーとブルーベリーのコブラー（T），チョコレートプリン（T），チョコレートプリンケーキ（T），クランアップルのデザート（リンゴだが，実は小さく甘酸っぱい）（T），クラッカー（NF），ドライアプリコット（IM），ドライビーフ（IM），乾燥梨（IM），グラノーラバー（NF），マカデミアナッツ（NF），ピーナッツ（NF），ショートブレッドクッキー（スコットランドの伝統的な焼き菓子）（NF），タピオカプリン（T），ミックスナッツ（IM），バニラプリン（T）

【炭水化物】
黒豆（T）*，ヤムイモの砂糖煮（T），とうもろこし（R），コーンブレッドドレッシング（スタッフィング）（コーンブレッドにタマネギやセロリなどの野菜とパン，チキンスープ，卵などを加え，セージや塩コショウなどの調味料で味付けした後，耐熱容器に入れてオーブンで焼く．米国の南部料理として知られ，感謝祭の時に七面鳥とともに食べることも多い）（R），チーズマカロニ（R），マッシュポテト（R），チキンラーメン（R），ハーブ入りパスタ（T），ポテトグラタン（R），赤飯（T）*，チキンライス（R），バターライス（T），ピラフ（R），南西部のとうもろこし（T）

【野菜】
アスパラガス（R），ブロッコリーグラタン（R），カリフラワーチーズ添え（R），ホウレン草のクリーム煮（R），サヤインゲンのマッシュルーム添え（R），イタリア風野菜（R），照り焼き風野菜（R）*，トマトとアーティチョーク（R）*，トマトとナス（T）

【ヨーグルト】
桃味（T）

(資料：Baseline Food List for Assembly /NASA
料理名の訳は総合調理用語辞典/公益社団法人全国調理師養成施設協会を参照)

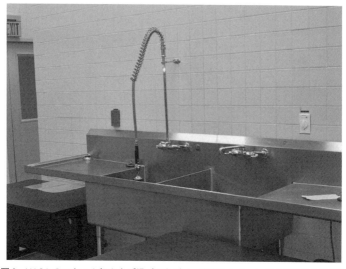

図9　NASAのロケット打ち上げ場（ケネディー宇宙センター）にある生鮮食品用殺菌装置
次亜塩素酸水で表面を殺菌する．

ッチンで用意される．生鮮食品は，打ち上げ直前に，殺菌水（次亜塩素酸）で殺菌される（図9）．

Box 3 放射線殺菌食品

NASA の宇宙食には,放射線(γ線)で殺菌したものがある.ステーキなどの食肉加工品(写真)で,γ線で殺菌することにより,風味を損なわないで長期間保存できる.放射線殺菌食品の健全性を証明している.

図 10 放射線殺菌されたビーフステーキ
NASA のフードラボで著者が試食したもの.

4.2 ロシアの宇宙食

ロシアの宇宙食も基本は,NASA と同じである.製造は,ロシア宇宙局直属の工場で製造される.

表 6 にロシアの宇宙食を示した.メニューの後の略号は,NASA と同じである.

表5 NASAの宇宙食

食品名	形状	重量(g)	エネルギー(kcal)	たんぱく質(g)	コレステロール(mg)	脂質(g)	飽和脂肪(g)
バナナプリン	(R)	114	124	2	27	0.80	0.00
ビーフステーキ	(I)	100	208	27	1	10.86	4.70
ビーフシチュー	(T)	198	150.5	19.6	12.3	4.00	1.70
ブラウニー	(NF)	61	268	2	41	10.94	3.00
バタークッキー	(NF)	34	150	2	22	6.00	4.00
照り焼きチキン	(I)	120	150	27	8	1.00	0.00
クリームマッシュルームスープ	(R)	27	141	2.9	12	10.00	6.40
野菜/カレーソース	(T)	184	107	1.5	23	2.20	2.00
ドライピーチ	(IM)	62	138	2	37	0.00	0.00
緑茶	(B)	2	0	0	0	0.00	0.00
グリルポークチョップ	(T)	142	261	32.5	3.7	13.00	5.00
レモネード	(B)	21	81	0	20	0.00	0.00
マッシュポテト	(R)	22	71	2	16	0.90	0.23
ミートローフ	(T)	119	177.3	17.3	16.4	4.70	2.20

宇宙飛行士は，搭乗が決まると，ジョンソン宇宙センターのフードラボに集まり，飛行期間中で必要とする宇宙食の選択を行う．メニューリストから選択し，1週間の献立を決める．

この際，NASAとロシアのメニューが対等となるようにする．栄養が，栄養要求（18ページ表3参照）を満たしているかが，フードラボの栄養士によってチェックされる．

もちろん，あらかじめ，飛行士の嗜好を考慮して，試食が行われる．こうして作りあげたメニューの例は表2を参照してほしい．

の栄養分析値

ナトリウム (mg)	カリウム (mg)	マグネシウム (mg)	鉄 (mg)	亜鉛 (mg)	カルシウム (mg)	リン (mg)	食物繊維 (g)
111	98	6	0	0	61	48	0
492.3	416	26	2.98	6.32	5.4	337.5	0
416.2	482	28	1.9	4.69	18.8	165	2.9
116	86	20	2	0.4	14.9	69	1.08
59	41	4.2	1	0	6	41	0.54
1140	540	48	0.64	1	21	274	0
852.7	139	11	0.42	0.35	62	73	0.7
287	504	25	1.3	0.35	35	71	3
6.4	574	25	0.8	0.32	16	57	5
0	1	0.03	0	0	0.01	0.03	0
281	530.5	31.1	0.74	0	10.5	225	0
30	1.6	35	0.01	0.03	3.3	24	0
331	362	16	0.34	0	8.3	43	2.1
698.6	499.4	32.4	2.7	3.1	22.5	173	0

ボーナス食

宇宙飛行士は米国とロシアが中心だが，ISS は国際的運用なので，各国の宇宙飛行士が集まってくる．国が違えば食習慣も違う．故郷の味というものが当然ある．長期間外国旅行すると，一般人でも故郷の味が恋しくなる．そこで，おしきせの NASA とロシアの宇宙食とは別に，飛行士の希望で故郷の味の持ち込みが許可されている．

ボーナス食は各国で用意して，NASA で決められた指定の容器に充填・包装される．そのために厳しく数量が規制されている．そ

表6 ロシアの宇宙食メニュー

リンゴバー（IM）
リンゴクランベリーソース（T）
果肉入りリンゴジュース（R）
砂糖入りリンゴジュース（T）
リンゴ杏子バー（IM）
果肉入りリンゴ・カシスジュース（R）
リンゴ・クランベリージュース（T）
リンゴ・ラズベリージュース（T）
リンゴ・ナッツバー（IM）
果肉入りリンゴ桃ジュース（R）
リンゴ・プラムバー（IM）
杏子バー（IM）
果肉入り杏子ジュース（R）
果肉入り杏子リンゴジュース（R）
Arktika ビスケット（NF）
野菜盛り合わせ（R）
ビーフシチュー（T）
グーラッシュ（パプリカで味付けした牛肉と野菜のシチュー）（T）
牛肉野菜添え（T）
ビートサラダ（R）
ペクチン入りカシスゼリー（R）
果肉入りカシスジュース（R）
ライ麦パン（IM）
肉入りボルシチ（R）
魚（たいなど）のピリ辛トマトソース（T）
オートミール（R）
ミルク入りオートミール（R）
人参玉ねぎサラダ（T）
果肉入りサクランボジュース（R）
砂糖入りサクランボジュース（T）
砂糖入りサクランボリンゴジュース（T）
チキン（T）
チキンのホワイトソース（T）
チキンのオートミール（T）
チキンの卵添え（T）
チキンのスモモ添え（T）
チキンのごはん添え（T）
チキンの野菜添え（T）
チョコレートとナッツ（T）
骨つきロース豚肉の卵添え（T）
砂糖入りコーヒー（R）
無糖コーヒー（R）
カッテージチーズのリンゴ果肉ピューレ添え（T）
カッテージチーズのカシス果肉ソース和え（R）
カッテージチーズのカシスピューレ（T）
カッテージチーズ（R）
カッテージチーズのクランベリーソース添え（T）
カッテージチーズのナッツ添え（R）
牛乳（R）
クランベリージュース（T）
なすのパスタ（T）
砂糖入りラズベリージュース（T）
パプリカオートミール添え（R）
果肉入りブドウ・スモモジュース（R）
ヘーゼルナッツ（NF）
家庭風牛肉（R）
蜂蜜ケーキ（IM）
田舎風味スープ（R）
低ナトリウム豚肉ポテト添え（T）
低ナトリウムピューレ状野菜スープ（R）
Lubitelskaya　パスタ（T）
砂糖入りつぶしたクランベリー（T）
マッシュポテト（R）
マッシュポテト玉ねぎ添え（R）
肉入りゼリー（T）
肉のホワイトソースがけ（T）
肉と野菜のキャセロール（T）
肉と野菜のスープ（T）

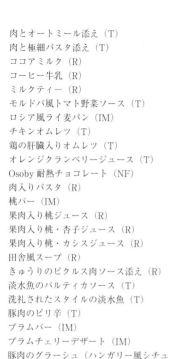

肉とオートミール添え（T）
肉と極細パスタ添え（T）
ココアミルク（R）
コーヒー牛乳（R）
ミルクティー（R）
モルドバ風トマト野菜ソース（T）
ロシア風ライ麦パン（IM）
チキンオムレツ（T）
鶏の肝臓入りオムレツ（T）
オレンジクランベリージュース（T）
Osoby 耐熱チョコレート（NF）
肉入りパスタ（R）
桃バー（IM）
果肉入り桃ジュース（R）
果肉入り桃・杏子ジュース（R）
果肉入り桃・カシスジュース（R）
田舎風スープ（R）
きゅうりのピクルス肉ソース添え（R）
淡水魚のバルティカソース（T）
洗礼されたスタイルの淡水魚（T）
豚肉のピリ辛（T）
プラムバー（IM）
プラムチェリーデザート（IM）
豚肉のグラーシュ（ハンガリー風シチュー料理）（T）
豚肉のポテト添え（T）
プルーン（IM）
ピーナッツを詰めたプルーン（IM）
野菜スープ（R）
マルメロのバー（IM）
ルバーブ（IM）
ロシア風チーズ（T）
ロシア風マスタード（T）
クッキー，菓子パン（NF）
ライ麦のクルトンサラダ（NF）
アーモンドサラダ（NF）
ザワークラウトスープ（R）
紅茶スキムミルク入り（R）
魚のスパイス焼（T）
デザート（IM）
スイートアーモンド（NF）
キャベツのシチュー（R）
甘えんどうミルクソース添え（R）
甘口ヨーグルト（R）
テーブルパン（IM）
砂糖入り紅茶（R）
無糖紅茶（R）

略号：（T）：レトルト食品，（R）：凍結乾燥食品，（NF）：自然形態食品，（IM）：中間水分食品

の代わり，中身は問われない．日本人の飛行士が，出身の故郷の味を持ち込んだのがこれである．

　そこで，包装まで自国で責任をもつことで，ボーナス食の数量制限を超えて提供することを目指したのが宇宙日本食である．宇宙日本食は，NASA と同等の品質・安全性を保証するために大変な努力が払われている．

4.3 中国の宇宙食

ロシア,米国とならんで,宇宙に人類を送り込んでいるのが,大国中国である.中国は,自前のロケットを使って,神舟という人が搭乗できる宇宙船の打ち上げを行っている.

神舟6号の飛行では,鮑,海老などの中国宇宙食メニューを持ち込んでいる.結構グルメである.さすが,食は中国にあり,といえるが,冒険であってもグルメという欧米の流儀を中国でも踏襲しているともいえる.あるいは,ISSへの対抗心からかもしれない.

4.4 その他の国の宇宙食

(1) フランス

フランスはISSに加盟しており,フランス人飛行士のために,その嗜好に合う宇宙食を用意している.

フランス宇宙食の本格的な取組みは,1993年フランス料理指導者フィリッピ氏より国立宇宙研究センター (CNES: the Centre National d'Etudes Spatiales) への提案から始まったという.ISSでの滞在開始前に,宇宙での飛行士の滞在はロシアのミール宇宙ステーションのみであった.そのため,CNESはロシアの宇宙食規格を考慮して開発された.

1996〜1999年の4年間で,フランス宇宙食は総量75 kg(1996年:10 kg,1997年:20 kg,1998年:10 kg,1999年:35 kg)がミール宇宙ステーションへ運搬されている.

2005年9月に新たに,12食品のフランス宇宙食が開発された.詳細メニューは,以下のとおりである.ブルターニュ地方,バスク地方などフランス各地の食材やソースが特徴的である.

④ 現在の宇宙食　39

図11　フランス宇宙食（©JAXA/NASA）
鳥料理（チキン，アヒル），魚料理（マグロ，メカジキ），野菜料理（ニンジン，セロリ）など．(http://iss.jaxa.jp/spacefood/overview/images/esa2_l.jpg)

【現在のフランス宇宙食メニューの例】
・ブルターニュ地方のロブスター
・サーモンにマントン地方のレモン添え
・カポナータ
・バスク地方の薬味付け卵ココット
・スコッチ地方のサーモン，トマトを漬け込みナスのグリル添え
・メカジキのリビエラ，マッシュポテト，赤ピーマン，とうがらし胡椒
・ニンジンの葉
・ナッツの実

図12　イタリア宇宙食（©ESA）

左から，ドライトマト，パン，チーズ，桃.
(http://www.esa.int/spaceinimages/Images/2005/03/Food_for_the_astronauts)

・セルリアック（セロリの一種）の軽いピューレ
・野菜とトマトのフォンデュ

(2) イタリア

　イタリアも ISS に加盟しており，イタリア人飛行士に向けた宇宙食を開発している．

　イタリアは 1960 年代以降，ESA の下に宇宙開発に参加している．1988 年には，イタリア宇宙機関（ASI：Agenzia Spaziale Italiana）が設立された．

　イタリアにおいても，食事は宇宙飛行士にとって大切な憩いの時

間と認識している．宇宙食の種類もオリーブ，フィットチーネ，リゾット，ドライトマト，チーズ，桃，チョコレートなどイタリア色豊かである．2007年にイタリア人パオロ・ネスポリ宇宙飛行士が搭乗した際は，南イタリアのアドリア海に面した都市バーリ産の生鮮食品も提供されていた．

(3) カナダ

カナダも ISS に加盟しており，カナダ人宇宙飛行士向けの食事が用意されている．1989年にカナダ宇宙庁（CSA：the Canadian Space Agency）が設立され，カナダ人の要求を満たす宇宙の知識，技術，情報を提供することを目標に掲げている．

カナダの宇宙食は，2009年10月に打ち上げられたロケットに搭乗したロバート・サースク宇宙飛行士が持参した．ちなみに，この打上げには若田宇宙飛行士も搭乗していた．

カナダ宇宙食のメニューは，カナダ西海岸産サーモンパテ，クスクスのモロッコ風ソース和え，イワナのジャーキーチップス，インド風カレーなどであった．クスクスは小麦粉から作る小さな粒状のパスタであり，アフリカおよび中東発祥の食べ物である．これらの宇宙食は，多くの移民を受け入れてきた多民族国家であるカナダの食文化が反映されている．

同年に宇宙飛行したジュリー・パイエット宇宙飛行士も「郷土食は母国や文化を紹介する架け橋となる」と話したことから，カナダ人宇宙飛行士の ISS 滞在に備え，2011年に"カナダ宇宙食コンテスト"が開催された．39社150食品の応募があり，12食品が選ばれた．12食品は，スモークサーモン，サーモンパテ，ビーフジャーキー，ドライアップル，フルーツバー，緑茶クッキー，メープルシロップクッキー，チョコレート，蜂蜜飴，メープルシロップなど

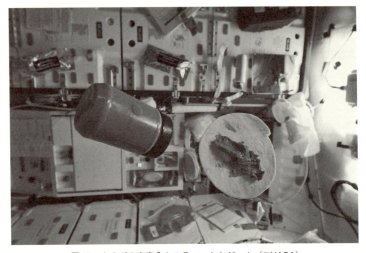

図13 カナダの宇宙食トルティーヤとジャム (©NASA)
(http://www.nasa.gov/audience/forstudents/k-4/stories/peanut-butter-float.html)

であり,カナダ特産品が多数選出されていた.メープルシロップ,パテなどパンに塗って食べるものが多く含まれているが,宇宙ではトルティーヤに塗って食べる.12ページにも記載されているが,パンの食べかすによる機器の故障を防ぐためである.2013年2月に宇宙へ向かったクリス・ハドフィールド飛行士は,アヒルのリエット,サーモンジャーキー,メープルハーバルティーなども持参した(図13).

日本の宇宙食（宇宙日本食）

5.1 『宇宙日本食』誕生まで

　日本の宇宙食の開発は2003年から始まった．当時は，JAXAの前身のNASDAの時代であるが，毛利衛飛行士がスペースシャトルに搭乗し，いよいよISSの組み立ても本格化してきた．日本人宇宙飛行士もその数が増え，次々と宇宙に行くことになった．しかも飛行時間も長期化する．ならば，日本人宇宙飛行士のために，日本食を食事として提供しようという考えがNASDAの中に持ち上がった．話は，日本人宇宙飛行士の健康管理を行っている医師からもたらされた．当時，NASDA有人宇宙飛行部の医長である松本暁子博士がその中心であった．

　松本博士は精神科医で，とくに宇宙飛行士のフライト中のストレス解消に関心があり，そのストレスを日本の食事で解消しようと提案した．

　松本博士は，ISSの国際運用委員会の宇宙飛行士の健康管理にか

かわるワーキンググループの委員でもあり，国際間調整に一役買える立場にもあった．

ところが，NASDA には宇宙食の専門家はいない．そこで社団法人日本食品科学工学会に相談された．日本食品科学工学会は，日本の食品企業と食品研究者・技術者の連携を図るために設立された団体である．当時，著者は，この日本食品科学工学会の副会長であったので，松本博士から相談されこれを受託した．食品科学工学会では，宇宙食専門家委員会を組織した（委員長：著者）．

日本の宇宙食開発のスタートである．専門家委員会では，開発する日本の宇宙食を『宇宙日本食』と名づけた．

専門家委員会は，その後，NASA，ロシア宇宙局の視察を行った後，日本食品科学工学会傘下の企業に実際の宇宙食の開発とエントリーを依頼した．

図14　宇宙日本食の製造から認証までの流れ

並行して，NASDAでは専門家委員会の協力の下に，『宇宙日本食認証基準』の作成が行われた．

図14に，宇宙日本食の開発体制を示した．

5.2 宇宙日本食のコンセプト

宇宙日本食を開発するにあたって，次のコンセプトを掲げた．
「宇宙日本食は，日本人宇宙飛行士の心と身体の健康をサポートする」

① 宇宙環境下での，筋肉と骨の退化の進行を遅らせる．
② 宇宙環境下での，放射線被曝による影響を軽減する．
③ 長期間の閉鎖空間環境下での，精神的ストレスを緩和する．

①のためには，アミノ酸，とくに分岐鎖アミノ酸の強化，カルシウム，ビタミンDの強化を図る．②のためには，抗酸化物質，たとえばカロテノイドの強化を図る．③のためには，日本人に馴染みのある和菓子をメニューに加える．

これらのコンセプトに従って，企業では，宇宙日本食として採用を希望するものを，エントリーすることとなった．

日本食というと，寿司とか天ぷらをイメージするかもしれない．しかし，宇宙日本食では，今のところ採用していない．その理由は，宇宙日本食は，日本の家庭の日常の味を目指したからである．日常，家庭で毎日，寿司や天ぷらを食していまい．日本人が最も好む家庭の食事はカレーにラーメンではないか．ならばこれらを宇宙食とすることを目指したのである．

5.3 宇宙日本食の認証基準

日本食品科学工学会宇宙食専門家委員会では，NASDAの宇宙日本食認証基準の作成に協力した．以下は，その概略である．

(1) 衛生基準

宇宙食にとって，最も重要な微生物の基準である．NASAの衛生基準に準拠したが，日本独自の基準もある．それは腸管出血性大腸菌O157の基準である．日本では最近，O157の食中毒が頻発しているので，宇宙食を汚染してはならないのでとくに基準を設けた．

表7に宇宙日本食の微生物基準を示した．ここで，目新しい用語として，「原料食品」と「最終食品」という用語がある．

原料食品というと，加工食品の原材料，たとえば，せんべいであれば米粉となるが，ここでいう原材料はそうではない．実は，宇宙食は，広く市販されている一般食品を，宇宙食専用のパッケージで包装して製造する．この容器包装される直前のものを原料食品と称し，容器包装されたものを最終食品という．NASAでは，原料食品をraw material，最終食品をfinished productsという．

「商業的無菌食品」というのは，日本の食品衛生法で，容器包装加圧加熱食品を指し，缶詰とレトルト食品がこれにあたる．

表7 宇宙日本食の衛生基準（抄）

分類	検査項目	原料食品	最終食品	検体数	基準
商業的 無菌食品*	恒温検査	—	○	5検体	35℃で14日保持し，膨張・漏れのないこと
	細菌検査	—	○	〃	陰性
商業的に 無菌でない 食品	一般生菌数	○	○	〃	20,000CFU**/g以下
	大腸菌群	○	—	〃	100CFU/g以下
	O157	○	—	〃	陰性
	コアグラーゼ 陽性 ブドウ球菌	○	—	〃	100個/g以下
	サルモネラ	○	—	〃	陰性
	酵母・カビ	○	—	〃	1,000個/g以下

＊容器包装して中心温度120℃・4分間以上になるように加圧加熱した食品
＊＊Colony Forming Unit：増殖可能な菌数

表にあるとおり，商業的無菌食品には原料食品の微生物基準がない．一見，奇妙に思えるが，そもそも宇宙食にはHACCPの仕組みを導入しているからである．HACCPの手順で，加圧加熱が十分に行われていれば，殺菌は十分にされているとみなされる．

非商業的無菌食品では，原料食品について，詳細な基準が設けられている．前述したようにO157は，日本独自の基準である．

最終食品の基準は，商業的無菌食品では，恒温検査と一般細菌検査のみを行う．恒温検査とは，殺菌が完全であるかを検査するもので，製品を35.0℃で14日間保持し，膨張または漏れがないかどうかを調べるものである．

非商業的無菌食品についても，最終食品では一般細菌数検査のみである．

認証にあたっては，応募があった場合，書面審査だけでなく，製造場所の衛生基準も実地検査で実施している．書面の記載の正確さを検証するだけでなく，実際の設備の衛生性の確認も行っている．実地調査は，専門家委員会のメンバーとJAXAの職員とが双方で実施し，指摘事項がある場合は，後日に改善報告を受けることになる．

まるで，保健所なみの検査である．

(2) 品質基準
・栄養性

宇宙日本食独自の栄養基準は，定めなかった．栄養基準を定めるには，膨大なデータを収集する必要がある．日本人の食事摂取基準を決定するのも，厚生労働省の研究会が膨大なデータを収集している．

第2章で記述した，ISS運用国際ワーキンググループが定めた

ISS Food Plan の 365 日以内の宇宙飛行の栄養要求を，日本人宇宙飛行士にも適用することとした．

宇宙日本食がこの栄養基準を満たすかは，認証申請食品に栄養成分分析値の提出を求めることにした．

提出すべき栄養成分は，一般成分として水分，たんぱく質，脂質，灰分，炭水化物，エネルギーとし，ビタミンとして脂溶性のビタミンA（レチノール），α-およびβ-カロテン，ビタミンD，ビタミンE，ビタミンK，水溶性のビタミンB_1，ビタミンCの7種とした．さらにミネラルとして，ナトリウム，リン，鉄，カルシウムの4種とした．

一般成分は，栄養性を判定するためのPFC比率（73ページ参照）を計算するために必須である．ビタミンA，カロテン，ビタミンEは抗酸化ビタミンで，宇宙飛行士の放射線防御のために，ミネラルのカルシウムは宇宙飛行士の骨量維持に重要である．さらに，ナトリウムの過剰は，高血圧を誘引するのでその量はやはり重要である．

栄養成分の分析値を要求するに伴い，栄養成分の測定法にも基準が設けられている．栄養成分は，測定法が異なれば得られる測定値に差があることが多いからである．

表8に宇宙日本食認証基準に定められた栄養成分の測定法を示し

Box 4　宇宙食のナトリウム量

ナトリウムは高血圧を誘引することが知られている．ISS Food Planによれば1日に摂取するナトリウム量は1,500～3,500 mgとされている．宇宙食は，宇宙での味覚の鈍化に対応するため，味付けが濃い目である．そのために食塩を多く使うので必然的にナトリウム量が多い．NASAでも宇宙食の低塩化（低ナトリウム化）を提唱しており，宇宙日本食でも今後の認証品では，低塩のものを選択する方針である．

た．宇宙日本食の認証を求める食品企業は，この方法に従って栄養成分を測定し，その測定値を添付しなければならない．しかし，定められた方法は，実は食品企業にとっては負担とならないようにしてある．というのは，ここで定められた方法は，「加工食品の栄養成分表示」†で定められている方法と同じだからである．また，自社で測定する以外に，外部の検査機関に委託することも可能である．ただし，むやみに委託はできず，厚生労働省が検査機関として認証したところに限られる．

・嗜好性

宇宙食はおいしくなければならない．おいしさは，官能検査によって確かめる．12 名以上の試験員が，実際に食べる状態で試食して評価を点数でつける．9 点満点で 6 点以上が認証基準である．

表9 に，宇宙日本食認証基準に定められた官能評価の操作手順を示した．手順にあるように，パネリスト（検査員）として 12 名以上，うち官能検査の訓練を受けた者 3 名以上を必要とする．多くの食品製造企業では自社で養成しているが，条件を満足した者が得られない場合は，検査機関に外注することになる．

・粘度

宇宙食は，直接ストローから飲む液体食品では問題ないが，レトルト食品のように袋の封を切って，スプーンですくって食べる食品では，飛び散らないことが求められる．粘度が低いと飛び散る恐れがある．そこで宇宙日本食では粘度の基準を設けることにした．B 型回転粘度計という測定器を使って，測定値が 6×10^3 mPa·s 以上であることが基準である．この値は，たとえていえば重湯程度であ

---

†：販売される加工食品には，栄養成分値の表示が義務づけられている．2015 年 4 月に施行された食品表示法の規定による．表示すべき栄養成分は，エネルギー（熱量），たんぱく質，脂質，炭水化物，食塩相当量（ナトリウム）である．

表8 宇宙日本食認証基準に定められた栄養成分の測定法

	栄養成分	測定法	備考
一般成分	水分	1) 常圧加熱乾燥法 2) 減圧加熱乾燥法 3) 乾燥助剤法	適用する食品別の測定法に規定あり
	たんぱく質	ケルダール分解法	適用する食品別に，窒素ーたんぱく質換算係数に規定あり
	脂質	1) ソックスレー抽出法 2) 酸分解法 3) クロロホルム・メタノール混液抽出法	食品別に適切な方法を選択する
	灰分	1) 直接灰化法 2) 酢酸マグネシウム添加灰化法	食品別に適切な方法を選択する
	炭水化物	差引法	100−(水分+たんぱく質+脂質+灰分)
	エネルギー	アトウォーター法	エネルギー換算係数は食品による
ビタミン	ビタミンA（レチノール）	高速液体クロマトグラフ法	
	α-，β-カロテン	高速液体クロマトグラフ法	
	ビタミンD	高速液体クロマトグラフ法	D_2とD_3の分別定量
	ビタミンE	高速液体クロマトグラフ法	α-，β-，γ-およびδ-型の分別定量
	ビタミンK	高速液体クロマトグラフ法	フィロキノンおよびメナキノンの分別定量
	ビタミンB_1	高速液体クロマトグラフ法	
	ビタミンC	高速液体クロマトグラフ法	
ミネラル	ナトリウム	原子吸光光度法	
	リン	ICP発光分析法	
	鉄	ICP発光分析法	
	カルシウム	ICP発光分析法	

表9 宇宙日本食認証基準に定められた官能的評価の操作手順

1. 検査パネル
   五基本味(甘味,酸味,塩味,苦味,旨味)ならびに臭気にかかわる能力評価試験で選抜された12名以上のパネリスト(ただし,官能検査の訓練を受けた者3名以上を含む)で構成されるパネルを用いる.
2. 試験品の調整
   試験品は,実際に宇宙船や宇宙ステーション内で食するのと同じ温度や状態で供試する必要がある.すなわち,
   (a) 缶詰,レトルトパウチ食品の場合:そのまま開封(開缶)した後に,あるいは湯浴(80℃)中で所定の時間加温した後に開封して供試する.なお,白飯用ソース類については,別に白飯を準備して食する.
   (b) 凍結乾燥品の場合:開封して所定の温度の水を加え,所定の時間置いて"水戻し"し,水戻しが完了している(試食できる状態になっている)のを確認してから供試する.ただし,水戻し完了後30分以内に供試すること.また,水戻しの状態を3.に示す手順で評価すること(ただし,官能検査の訓練を受けたパネリストのみで実施).
   (c) 菓子,デザートの場合:そのまま開封して供試する.
   (d) 調味料類の場合:そのまま開封して供試する.
3. 水戻し後の状態の評価
   凍結乾燥食品の水戻し後の状態の適否を評価するため,以下の試験(略)を2食分あるいは3食分を用いて実施する.
4. 試験の報告/記録
   9段階尺度法による平均点が「6」以上であれば,宇宙食として「適」であると判定する.このほか,試験の報告/記録に必要なものを,(a) 外観,(b) 色,(c) におい,(d) 風味,および (e) 食感にかかわる採点の「平均値」,「範囲」(最大値と最小値の差)および「標準偏差」とする.

る.宇宙日本食にラーメンがあるが,実はとろみのついたあんかけ焼きそばである.

表10に宇宙食認証基準に定められた粘度の測定手順を示した.B型粘度計は,大手の食品メーカーでは常備されている検査機器である.

宇宙日本食では,この機器を用いて粘度を測定し,その数値をもって宇宙食に適合するかどうかを判断している.実は,宇宙食の先進国のNASAにはない基準である.NASAではヒューストンの

別紙1：宇宙食認証・官能検査質問・回答用紙

　　　　　　　　　　　　　　　　　　　　　　　　　　　年　　月　　日

試験品（名称）：＿＿＿＿＿＿＿＿＿＿＿

　　　　　　　　　　　　　　　　　　　　　　　氏名＿＿＿＿＿＿＿＿＿＿

A．外観，風味等の評価　　　試食量：＿＿＿＿＿＿g

試験品の外観，色，におい，風味，および食感について下記の9段階の尺度で評価し，評価値の箇所に○印を記して下さい．

尺度	9 最も良い	8 かなり良い	7 少し良い	6 わずかに良い	5 良いとも悪いとも言えない	4 わずかに悪い	3 少し悪い	2 かなり悪い	1 最も悪い
外観									
色									
におい									
風味									
食感									
総合評価									
コメント									

B．"水戻し"後の状態の評価

・"水戻し"に使用した水量：＿＿＿＿＿＿ml（水温：＿＿＿＿℃）
・"水戻し"時間：＿＿＿＿＿＿mim
・"水戻し"後の状態：　①満足できる状態　②不満足な状態　③どちらとも言えない

図15　認証基準で定められた官能検査の評価シート

試食して，9点法の尺度法で評価する．

表10　宇宙日本食認証基準に定められた粘度の測定手順

1. 使用機器
　　（1）B型粘度計　　　　毎分12回転設定可能なもの
　　（2）試料容器　　　　　ビーカーなど
　　（3）温度計　　　　　　水銀温度計またはサーミスター温度計
　　　　　　　　　　　　　20℃近辺が測定可能なもの
2. 操作手順　　装置の説明書による
3. 計算
　　　粘度（mPa・s）＝粘度計の指示の平均値×装置定数

NASA宇宙食研究室（フードラボ）の担当者が，スプーンですくって目視で判定している．

・水分活性

水分活性については，29ページを参照．これを宇宙日本食候補品は，測定しなければならない．いくつなら合格という数値ではなく，宇宙食の衛生性と保存性を判断する基準とする．水分活性が低い乾燥食品であれば，衛生性と保存性を確保するのは容易である．

水分活性の測定法には各種あるが，宇宙日本食認証基準では電気抵抗式水分活性測定装置を用いることと決めている．表11に認証基準で定められた測定法を示した．本機を設備としてもっていない製造企業では，外部の検査機関に測定を依頼することになる．

水分活性は完全な乾燥食品ではゼロに近く，生鮮の野菜や魚などでは，1に近い値をとる．一般に細菌は，水分活性0.91以下，酵母は0.88以下，かびは0.80以下では繁殖できない．水分活性が0.65～0.85のものを中間水分食品といい，きわめて保存性に優れている．

糖や塩分は水分活性を低下する作用があり，中間水分食品の製造に用いられる．大福や羊羹がその典型である．宇宙日本食にも羊羹がある．

表11 宇宙日本食認証基準に定められた水分活性の測定法

1. 使用機器：電気抵抗式水分活性測定装置
2. 測定装置点検用湿度標準液：

標準液	水分活性	標準液	水分活性
塩化リチウム	0.110	硝酸ナトリウム	0.737
酢酸カリウム	0.224	塩化ナトリウム	0.752
塩化マグネシウム	0.330	臭化カリウム	0.807
炭酸カリウム	0.427	塩化カリウム	0.842
硫酸リチウム	0.470	塩化バリウム	0.901
硫酸マグネシウム	0.528	硝酸カリウム	0.924
臭化ナトリウム	0.577	硫酸カリウム	0.969
塩化ストロンチウム	0.708	重クロム酸カリウム	0.980
		純水	1.000

3. 操作手順：装置の説明書による

糖は甘味が強いので，甘味の少ない材料を使って水分活性を下げることができる．よく利用されるのが，糖アルコール（ソルビット，ラクチトールなど）である．

宇宙食でもこの技術が応用されている．表4（30ページ）NASAの宇宙食，表6（36ページ）ロシアの宇宙食で，IMと表記されているのが中間水分食品である．乾燥果実などデザートに豊富である．中間水分食品は，レトルト殺菌も凍結乾燥もされていないので，そのままの食感を楽しめる．

その後に，一般に市販される中間水分食品の開発を進めることになったのも，宇宙食技術の成果の1つである．

(3) 保存基準

ISS運用規程では，宇宙食は室温で9カ月保存しても品質に変化がないことを求めている．ISSにおける飛行士の滞在期間は，原則3カ月なのになぜ9カ月かというと訳がある．まず，宇宙食は飛行士とともに宇宙に運ぶのではなく，別のロケットで事前にISSに届ける．運搬手段は，ロシアのプログレス，日本のこうのとり，あるいは計画中の米国の民間機である．これが，飛行士の数カ月前には飛び立つ．飛行士は，ISSに到着するとすでに運び込まれている食事を順次とるのである．さらに，日本のJAXAからロシアまたは米国までの運搬期間，現地での検査・積込み作業期間が加算される．また，何らかのトラブルで，運搬ロケットがISSに到着しないときに，残った食事を食べつなぐことも考える．なんやかんやで9カ月になる．ISSでの滞在期間の長期化に伴い，新たに認証する宇宙日本食では，18カ月（1年半）と延長している．

認証を求める宇宙日本食候補品は，この期間の保存試験を行わなければならない．しかし，1年半の期間は容易ではない．そこで加

速試験を認めている.保存温度を高めに設定して期間を短縮する.保存試験の保存温度は22℃が基準である.試験期間中に35℃・2日間,30℃・6日間の耐暑,2℃・24時間の耐寒試験を行う.前者は,NASA本部のあるヒューストンから打ち上げ基地のあるフロリダまでに保冷車が故障した時を想定し,後者はロシアでの事故を想定している.保存試験では,定温庫を用いて,データロガーにより温度記録を取らなければならない.定温をはずれる期間が全期間の5%以下が求められる.冬期や夏期では結構きびしい.保存試験終了後に,一般生菌数検査と,官能検査をする.

表12に宇宙日本食認証基準に定められた保存試験手順を示した.保存試験の基準温度は,25℃で図17に示した定温保管庫内で保存する.温度の誤差は±2℃を目標とすることを求めているが,実際に実施するとかなり困難である.とくに夏季は室温が30℃近くになるので,定温庫を25℃に保つのが難しい.しかしこれは,試験品にとって厳しい環境にさらされることになるので,許容している.

表12 宇宙日本食認証基準に定められた保存試験手順

1. 定義
 本文書は,宇宙日本食認証基準4.5に係わる保存手順について定めたものである.
2. 設備及び器具
2.1 保管庫
 試験食品は2〜35℃±2℃の温度調節可能な定温庫に保存する.
2.2 温度記録計
 庫内温度の測定は,週に1回以上実施する.温度センサーの設置場所は,庫内の中間部に2箇所とする.測定結果は,保存記録書に記録する.
3. 保存状態記録
 週に1回,目視により保管状態を調査し,保存記録書に記録する.
3. 低温及び高温試験
 12か月の保存中に,2℃の低温を1日,35℃を2日間,30℃を6日間の高温に保管庫の温度を変動させること.この実施については,保存記録に記録する.
4. 保存記録は別記様式とし,宇宙日本食認証申請書に写しを添付すること.

宇宙日本食認証用保管記録

食品名称			企業名	
保存開始日	年　月　日		保存終了日	年　月　日

年月日	庫内温度①	庫内温度②	状態（異常の有無と処置結果）	低温・高温実施状況	検印

図16　宇宙日本食認証基準に定められた保存記録用紙

内容食品は，温度が高いと劣化するので，保存試験は温度が基準よりも高いとより厳しい条件で試験されることになるからである．

　加速試験の可否については，認証申請時に個別にJAXA宇宙食分科会で判断している．

(4) 減圧検査

　宇宙日本食は，NASAのパッケージによらず，日本独自に開発された容器で包装される．現在のところ，JAXA指定パッケージは，

図17 定温保管庫で保存試験実施中の宇宙日本食
第1次認証のために保存試験を実施. 指定容器包装された宇宙日本食候補品を保存している（日本食品科学工学会）.

開発を担当した大日本印刷㈱（DNP）のみから入手可能である. 宇宙日本食製造企業は, DNPから包装材を購入し, 自社の製品を容器包装する. 容器包装の完全性を試験するために, 減圧検査が義務付けられている. 製品を450 mmHgの減圧下に1分間放置し, 破裂や漏れがないかを目視で検証する.

(5) 調理適合性検査

調理適合性検査とは, 宇宙に持っていった宇宙食が, スペースシャトルあるいはISSに備え付けられた調理器で「調理」できるかどうかの試験である. 「調理」といっても, 何も料理するわけではな

表13　宇宙日本食認証のための調理適合性検査の手順書

宇宙日本食候補品のISS搭載調理器具との適合性の検証は，以下の手順による．
1. 検査器具　　　エイ・イー・エス㈱製　　　宇宙食加温器　　　宇宙食注湯器
2. 検査方法
　　1食品を3名の検査員により，別記評価票を用いて検査する．
① 評価品を選ぶ．
② 評価票に所要事項を記入する．
③ 器具にセットして加温，加水する．
④ 器具から取り外し，外観を目視で観察する．とくに加水食品の水漏れを検査する．
⑤ 触感（温度・重量）を検査する．
⑥ 開封
⑦ 試食
⑧ 食事途中で容器の検査をする．
⑨ 評価結果を評価票に記入する．
⑩ 残渣の重量を天秤で測定する．

い．レトルト食品を温めるか，凍結乾燥食品を水またはお湯で復元するかだけである．

　本来ならば，ISSに備え付けられている調理器（図24参照）で試験するのだが，日本にはこの調理器がない．お台場にある科学未来館（館長：毛利元宇宙飛行士）には，ISSを模した実物大模型があり，調理器も展示してあるが，あれはレプリカである．

　そこで，特別にISSの調理器と同等の機能をもった試験器を開発した．プレートヒーターと，給水（湯）機能をもっている．プレートヒーターは，レトルト食品用の加温器である．給水器は一定水量だけ注入することが可能である．認証前に，宇宙食分科会（以前は宇宙食専門家委員会）の委員によって実際にこの試験器を使って調理して，不具合がないかどうかを検査する．検査後には，試食して問題なく調理されているかを確認する．

　表13に宇宙日本食認証基準で定めた調理適合性検査の手順書を

⑤ 日本の宇宙食（宇宙日本食）　59

図18　調理適合性試験に用いる加温器

図19　レトルト食品を加温試験のためセットする

示した．また，図18にレトルト食品用の加温器の外観を示した．試験をするときは図19に示すようにセットする．ふたを閉めて所定の温度・時間加熱する．凍結乾燥食品用の試験器を図20に示した．試験するときは，図21に示すように機器にセットして，所定の温度の水（湯）を一定量注水する．

図22が，調理適合性検査の評価票である．評価品の宇宙食としての適合性を5点法の尺度法で判定する．JAXA宇宙食分科会の

図20　調理適合性試験に用いる注湯器

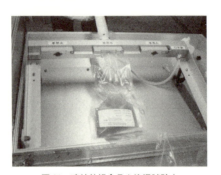

図21　凍結乾燥食品を注湯試験中

委員が，宇宙飛行士になったつもりで判定する．何点以上なら合格という基準はなく，分科会の委員の合議により，最終判断を行う．

　こうやって，宇宙飛行士が実際に食べるシーンを想定しての検査が行われている．

5.4　日本独自のパッケージの開発

　NASAとロシアのおしきせメニュー以外の宇宙食は，ボーナス食としての位置づけである．ボーナス食は，原則としてNASAで

宇宙日本食　加温・加水試験　評価票　〔レトルト食品〕

検査日時	年　月　日（　）　時　分～　時　分					
検査場所						
食品名称						
食品形態						
加温設定	℃　分間					
加温後の状態	項目	評価				
	触感（温度感）	5 容易に持てる	4 熱さを感じず持てる	3 熱さを感じるが持てる	2 熱くて持ち続けられない	1 熱くて持てない
	食感（重量感）	5 容易に持てる	4 重さを感じす持てる	3 重さを感じるが持てる	2 重くて持ち続けられない	1 重くて持てない
	開封の容易度	5 極めて容易に開封できる	4 容易に開封できる	3 面倒だが開封できる	2 開封しにくい	1 開封に失敗した
	食べやすさ	5 極めて容易に口に運べる	4 容易に口に運べる	3 工夫すれば口に運べる	2 ややこぼれる	1 多くがこぼれる
	食事中の容器の安定度	5 極めて安定	4 ほぼ安定	3 工夫すれば置ける	2 途中で転倒	1 全く置けない
	食品の残渣の割合	5 1%未満	4 1～5%	3 5～10%	2 10～20%	1 20%以上
	食用後の容器の処理しやすさ	5 極めて容易に処理できる	4 容易に処理できる	3 工夫すれば処理できる	2 処理できるが手指が汚れる	1 処理できない
その他特記事項						
検査員氏名						

写真添付

図 22　宇宙日本食認証のための調理適合検査に用いる評価票（レトルト食品用）
この他に，加水食品（固形）用，加水食品（液体）用がある．

パッケージされる.容器包装に十分な配慮が必要だからである.

　度重なる事故の教訓から,NASAでは,宇宙船内に持ち込まれる物品の燃焼性に細心の注意を払っている.難燃性だけでなく,有毒や燃焼性気体の発生にも注意が払われる.宇宙食のパッケージも例外ではない.NASAが責任をもって宇宙食を容器包装するわけがここにある.

　せっかく宇宙日本食を開発するのなら,NASAの手を借りず,日本独自でパッケージしたい.NASAでパッケージすると,搭載までのスケジュールに制約を受けるというのも理由にあげられるからである.

　宇宙日本食では,容器包装の開発をDNPに依頼した.DNPでは,NASAの容器包装を分解,検査するとともに,NASAフードラボを調査して開発に着手した.

　その結果,レトルト食品用パッケージ,凍結乾燥食品用パッケージ,凍結乾燥飲料用パッケージ,外装用パッケージを開発した(図23).

　表14に,開発した宇宙日本食用パッケージ5種を示した.R1とR2がレトルト食品用,S1が市販食品そのままを原料食品としたときの外装用である.W1が固体の凍結乾燥食品用,W2が独自開発した凍結乾燥飲料用である.

　これらの容器の材質には,前述したように難燃性と,気体の発生がないことを確認しなければならない.JAXAの筑波宇宙センターには,ロケットの材質を検査する設備があり,それを利用して試験を行った.この試験をパスした材質で,宇宙日本食用パッケージは特注されている.

⑤ 日本の宇宙食（宇宙日本食） 63

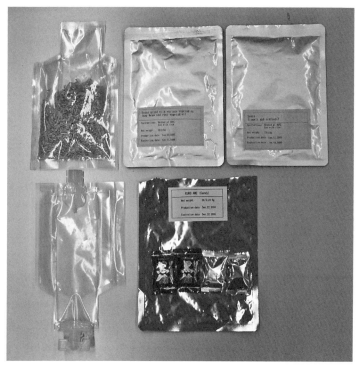

図23　日本で独自開発した宇宙食パッケージ
上段左より凍結乾燥飲料用，レトルト食品用，下段左よりスパウト付容器，非調理品外装用．

(1)　独自開発した凍結乾燥飲料用容器の特徴

　宇宙日本食用に開発した容器は，NASAパッケージと完全互換である．宇宙船内で喫食するにあたって，レトルト食品では温める必要がある．凍結乾燥食品では復水する必要がある．

　加温，復水には船内に備え付けの調理器を使用する．加温は，鉄板ではさみこむタイプのプレートヒーターを用いる（図24）．

表14 JAXA指定宇宙日本食用パッケージ

型番	用途	形状	サイズ	材質
R1	レトルト食品用	平袋	130×180 mm	PET12/ON15/Al9/CPP70
R2	レトルト食品用	スタンド平袋	120×180×35 mm	PET12/ON15/Al9/CPP70
S1	外装用	平袋	150×270 mm	PET12/Al9/PFP60
W1	加水食品	ガゼット袋	160×100 mm	PET12/ON25/PFP80
W2	加水食品	ガゼット袋（スパウト付き）	218×100 mm	PET12/ON25/PFP80

〔材質記号 PET：ポリエチレンテレフタレート，ON：延伸ナイロン，Al：アルミニウム箔，CPP：未延伸ポリプロピレン，PFP：ポリエチレン〕

復水は，調理器の注水口に容器を接続して注水し，チューブを差し込んで吸入して飲食する．このチューブが，径数ミリと細い．宇宙日本食で提供するわかめスープでは，具材のわかめが通らない．そこで，チューブを使用しないタイプの容器を開発した．

図25に示すように，市販のゼリー飲料に使用されているスパウトという呑口をつけることにした．NASAにはない日本独自のパッケージである．余談だが，NASAの宇宙飛行士は，スパウトに慣れていないので，せっかくのスパウトも使用しないでチューブから飲んでいるとのことである．

(2) 包装完全性

宇宙日本食は，原料食品をJAXA指定容器に充填して完成する．その包装が完全に行われているかを検査しなければならない．その手順を表15に示した．

検査は，全数検査，すなわち製造したものすべてを検査する．減圧検査がけっこう面倒である．認証基準で指定した検査機器はなく，

全体写真

加水装置コントローラー
温・冷水切り替えと水量調節

レトルト食品加熱用
プレートヒーター

凍結乾燥食品用加水装置

図24 ISSに備えられている調理器

また食品企業に常備されている装置ではないので，各社工夫して検査を行わなければならない．認証にあたってJAXAによる製造所の立入検査があるが，一つのポイントは減圧検査をどうやって実施しているかを確認することにある．

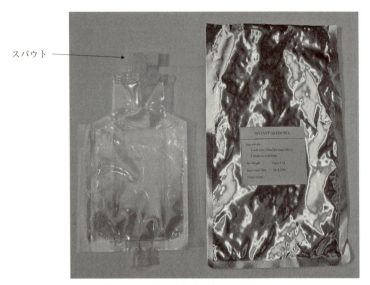

図 25　スパウト（呑口）付きパッケージ

5.5 ラベリング（表示）

宇宙食のパッケージの外装には，ラベリング（表示）が行われる．これも製造した国によってバラバラでは，飛行士が戸惑うので，NASA が定めた様式を各国が使っている．ただし，ロシアは別である．

図 26 に，その見本を示した．上段に記されているのが食品名である．日本食はそのまま英訳すると理解し難いものがあるので，その際は，意訳している．次に記しているのが調理法である．レトルト食品では何℃で加熱するか，凍結乾燥食品では，何℃の水（湯）を何 ml 注水するかを記す．飛行士はこの指示に従い，飛行船に装備されている調理器（65 ページ図 24 参照）で調理を行うのである．

表15 宇宙日本食認証基準に定められた包装完全性検査の操作手順

1. 範囲
本文書は,宇宙日本食の包装の完全性検査に係る規格と検査手順を定めるものである.検査法は,目視と減圧検査による.
2. 検査実施者
包装の完全性検査は食品製造者が実施する.
3. 検体数
製品の全数を検査対象とする.
4. 検査規格
    4.1 検査法の種類
        目視検査と減圧検査
    4.2 検査手順
    4.2.1 目視検査
        シールの完全性(シールに不良個所などが無いかどうか),ピンホール漏れ(外から圧力を加えるとき,液漏れなどが無いかどうか)及び容器の膨張(容器が異常に膨れ上がったりしていないか)を末尾の参考文献(1)あるいは(2)を指針として調べる.
    4.2.2 減圧検査
        減圧下(457 mmHg)に1分間放置するとき,ピンホール漏れ(外から圧力を加えるとき,液漏れなどが無いかどうか)及び容器の膨張(容器が異常に膨れ上がったりしていないか)を末尾の参考文献(1)あるいは(2)を指針として調べる.
5. 報告
    食品製造者は,全検査済みであることを証明するため,及び「包装が不完全」と判断された製品(不合格品)の数を明らかにするための報告書を各ロット毎に作成しなければならない.
    報告書には次の事項を含める.
    品目名,ロット番号,ロットサイズ(製品全数),検査日時,検査担当者名及び結果(不合格品数を含む).

下段には,内容量(重量)と賞味期限が記される.

パッケージの表面には,この他,管理用のバーコードと,ベルクロ(面ファスナー:商標名マジックテープ)が取り付けられる.これは,無重力の飛行船内での浮遊防止のためである.ベルクロで,トレイに接着する(74ページ図29参照).

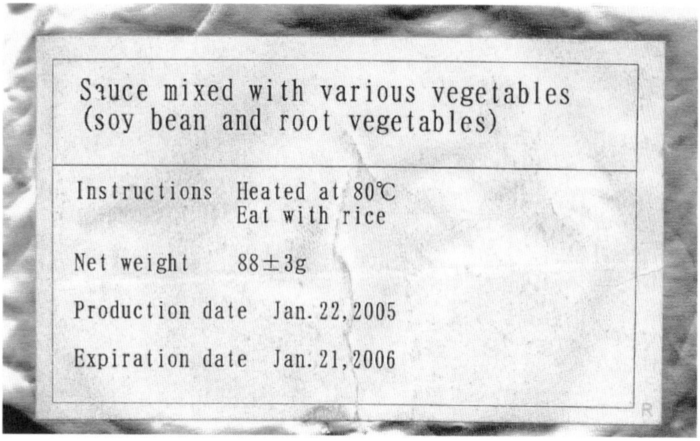

```
Sauce mixed with various vegetables
(soy bean and root vegetables)

Instructions   Heated at 80℃
               Eat with rice
Net weight     88±3g
Production date   Jan.22, 2005
Expiration date   Jan.21, 2006
```

図26　宇宙日本食のラベル見本

各国の宇宙飛行士が間違いなく利用できるように表示内容は，NASA で統一されている．

5.6　宇宙日本食認証のための JAXA 分科会

　認証基準に従って宇宙日本食候補品を製造した企業は，JAXA あてに認証申請を行う．JAXA は，申請書類を精査し，すべての書類に欠損がないことを確認して宇宙食分科会に審査を委ねる．

　JAXA 宇宙食分科会は，JAXA 有人飛行サポート委員会の分科会として設けられているもので，第1次認証を行った（社）日本食品科学工学会宇宙食専門家委員会を引き継いだものである．そのメンバーを表16に示した．

　申請品の審査手順は，図27に示した．分科会では書面審査を行うほか，調理適合性検査（58ページ参照）を3名の委員により行う．また，製造所の衛生管理状況を確認するために立入検査を行う．立入検査は1名以上の委員がJAXA 係員とともに実施する．審査に

表16 JAXA宇宙食分科会メンバー

	氏名	所属	分野
委員長	田島　眞	実践女子大学	食品学
副委員長	米谷民雄	静岡県立大学	食品衛生
委　員	石川　豊	(独) 食品総合研究所	食品包装
〃	石谷孝佑	(一社) 日本食品包装協会	食品包装
〃	川野　因	東京農業大学	栄養学
〃	斎藤紀子	(一財) 日本食品分析センター	食品分析
〃	戸田清志	大日本印刷㈱	食品包装
〃	三浦理代	女子栄養大学	栄養学
〃	宮尾茂雄	東京家政大学	食品衛生

(2015年4月1日現在)

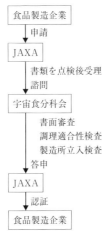

図27　宇宙日本食認証のフロー

合格すると判定した結果はJAXAに答申する．審査には通常1年以上を必要とする．

表17 宇宙日本食一覧（第1次認証）

製造企業 （五十音順）	認証食品	種別 （製法による区分）
尾西食品株式会社	白飯	加水食品（乾燥食品）
	赤飯	加水食品（乾燥食品）
	山菜おこわ	加水食品（乾燥食品）
	おにぎり　鮭	加水食品（乾燥食品）
カゴメ株式会社	トマトケチャップ	調味料
	野菜ソース	調味料
	野菜飲料ゼリー （トマト）	自然形態食品
	果実・野菜飲料ゼリー （リンゴ，ニンジン）	自然形態食品
キユーピー株式会社	マヨネーズ	調味料
	白がゆ	温度安定化食品（レトルト食品）
日清食品株式会社	しょうゆラーメン	加水食品（乾燥食品）
	シーフードラーメン	加水食品（乾燥食品）
	カレーラーメン	加水食品（乾燥食品）
ハウス食品株式会社	レトルトビーフカレー	温度安定化食品（レトルト食品）
	レトルトポークカレー	温度安定化食品（レトルト食品）
	レトルトチキンカレー	温度安定化食品（レトルト食品）
株式会社マルハニチロ ホールディングス	サバの味噌煮	温度安定化食品（缶詰）
	イワシのトマト煮	温度安定化食品（缶詰）
	サンマの蒲焼き	温度安定化食品（缶詰）
三井農林株式会社	粉末緑茶	加水食品（スプレードライ食品）
	粉末ウーロン茶	加水食品（スプレードライ食品）
山崎製パン株式会社	羊羹（小倉）	自然形態食品
	羊羹（栗）	自然形態食品
ヤマザキナビスコ 株式会社	黒飴	自然形態食品
	ミントキャンディー	自然形態食品

理研ビタミン株式会社	わかめスープ	加水食品（フリーズドライ食品）
ロッテ	キシリトールガム（ライムミント）*	自然形態食品
三基商事株式会社	プルーンエキストラクト*	自然形態食品

（*は，第1次認証後に追加されたもの）
(http://iss.jaxa.jp/spacefood/about/japanese/)

5.7 開発された宇宙日本食

　エントリー，立入調査を経て，認証にいたった食品を表17に示した．第1次（2007年6月）認証の28食品である．第1次認証の時は，JAXA東京本部に各企業担当者が集まり，テレビ取材の中，JAXA有人宇宙ミッション本部長より認証証が手交された．

　主食にはごはんがある．白飯と赤飯と山菜おこわである．いずれもアルファ化米の製品で，お湯で復元して食する．赤飯は，宇宙でのお祝いごとに重宝していると聞いている．

　ラーメンにも3種類ある．凍結乾燥品でお湯で復元する．ラーメンといっても丼に入れてすするわけではない．汁にとろみをつけて飛散防止の工夫がされている「とろみラーメン」である．

　副食では，イワシのトマト煮，サンマの蒲焼きが人気であるという．NASAのメニューは，肉料理が中心で，魚料理は新鮮である．他国の飛行士に引っ張りだこで，本家の日本人飛行士の口に入らないそうである．

　カレーも人気である．米飯と同時に食してカレーライスとして楽しんでいるという．カレーライスは，日本人の食事の定番である．

　飲み物では，野菜飲料ゼリーが，リコペンを強化してある．リコ

図28 第1次認証された宇宙日本食28食品
（日本食品科学工学会誌，56巻1号1ページ（2009））

ペンは，抗酸化作用をもつ代表的物質で放射線防御に役立つ．

お茶には，緑茶とウーロン茶がある．ウーロン茶は日本人に馴染みがあるが，外国人には馴染みがないそうである．

デザートには，羊羹がある．日本人には，馴染みのスイーツで，ストレス解消に役立つ．キャンディーは，やはり日本人にとってホッとする黒飴である．キャンディー類は，NASAメニューにも多数あるが，米国のキャンディーの味は，日本人には不向きである．

調味料には，マヨネーズとウスターソースがある．もちろんNASAのメニューにもマヨネーズはあるが，米国のマヨネーズは，脂っこいばかりで日本人の味覚に合わない．野菜ソース（ウスターソース）も日本独自の調味料で，これをかければ何でもおいしくなる魔法の調味料である．

表18は，宇宙日本食を中心として，NASAのメニューも加えて，3日間のメニューを試作したものである．残念ながら，宇宙日本食のみでは十分な栄養を満たさないので，不足している肉や野菜メニューはNASAメニューを使用した．

このメニューの栄養価を計算したものが，表19である．

表18 宇宙日本食メニュー案

	朝食	昼食	夕食	軽食
1日目	白がゆ 完熟トマトと魚介のリゾットソース **シーズンドスクランブルエッグ**	白米 五目ごはんソース しょうゆラーメン サンマ蒲焼き 栗羊羹	玄米がゆ ポークカレー **アソーテッドベジタブル**	カレーラーメン ミントキャンディー ウーロン茶
2日目	おにぎり **卵（チキンエッグ）** トマトケチャップ 野菜ゼリー（ニンジンタイプ）	シーフードラーメン おにぎり **チョップトポーク** 野菜ソース ソフトクッキー（ブルーベリー） 「ヴァームゼリー」	赤飯 サバの味噌煮 すまし汁 **グリーンビーンズとマッシュルーム**	練り羊羹 黒飴 緑茶
3日目	紅鮭がゆ 野菜ゼリー（リコペン強化） **ソーセージ**	山菜おこわ イワシのトマト煮 わかめスープ ソフトクッキー（ごま）	白米 チキンカレー 卵スープ **トマトとなす**	白米 ビーフカレー **カリフラワーとチーズ** マヨネーズ

ゴシック　　NASAのメニューより採用

　メニューの栄養の妥当性を検証するために，PFC比率†を計算してある．表に示されるように，ほぼ，理想的PFC比率であることがわかる．宇宙日本食は，とても栄養バランスの良い食事を提供す

表19 表18の宇宙日本食メニューによる栄養摂取量

	エネルギー (kcal)	たんぱく質 (g)	脂　質 (g)	炭水化物 (g)
1日目	1,895	62.7	63.2	262
2日目	2,198	66.1	71.4	322
3日目	2,222	76.1	77.0	301

PFC比率 = 13 : 27 : 60

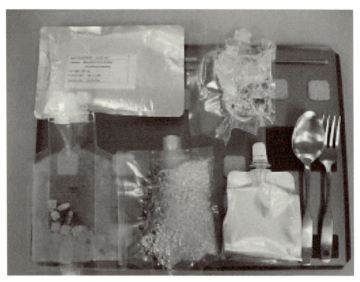

図29　宇宙日本食のみで1食分をセットアップした

る（図29）．

　第1次認証の後，いくつかの食品が認証されている．一つはガム

---

†：食事の栄養性を検証する指標．食事のエネルギーを，たんぱく質（P），脂質（F），炭水化物（C）のいずれから摂取しているかを計算する．P=16〜17%，F=25〜30%，C=55〜60%のバランスで摂取していると，最も生活習慣病になりにくい．かつての日本の食事がこれで，この時代の食事を日本型食生活と称する．

である.トクホ(特定保健用食品)でも承認されているキシリトールガムである.キシリトールガムは,宇宙飛行士の歯の健康に役立つ.当然,NASAにはないものである.もう一つは,プルーンエキストラクトである.健康食品として,市販されているプルーンである.2014年に認証されたのが,イオンドリンク(商品名:ポカリスエット),ベイクドチョコレート(焼き菓子),キャンディーの3種である.

(1) 第1次認証された宇宙日本食の詳細

・白飯

アルファ米の白飯.宇宙滞在における味覚の変化を考慮し,最もご飯の食味,食感が高い「低アミロース米」を使用している.ISSで供給可能なお湯で,確実かつ美味しく復元できることが特徴.

食べ方:お湯を注入して食べる

量:62 g(1包あたり)(出来上り量:162 g)

エネルギー:228 kcal(1包あたり)

製造企業:尾西食品株式会社

・赤飯

アルファ米の赤飯．宇宙滞在における味覚の変化を考慮し，最もご飯の食味，食感が高い「低アミロース米」を使用している．ISS で供給可能なお湯で，確実かつ美味しく復元できることが特徴．
国産もち米，北海道産の良質な小豆を使用している．
食べ方：お湯を注入して食べる
内容量：68 g（1 包あたり）（出来上り量：143 g）
エネルギー：249 kcal（1 包あたり）
製造企業：尾西食品株式会社

・山菜おこわ

アルファ米の山菜おこわ．宇宙滞在における味覚の変化を考慮し，最もご飯の食味，食感が高い「低アミロース米」を使用している．

ISSで供給可能なお湯で，確実かつ美味しく復元できることが特徴．あきたこまちともち米をブレンド．わらび，ぜんまい，えのき茸，ふきなどが盛り込まれている．

食べ方：お湯を注入して食べる

内容量：68 g（1包あたり）（出来上り量：168 g）

エネルギー：245 kcal（1包あたり）

製造企業：尾西食品株式会社

・おにぎり（鮭）

アルファ米のおにぎり．宇宙滞在における味覚の変化を考慮し，最もご飯の食味，食感が高い「低アミロース米」を使用している．ISSで供給可能なお湯で，確実かつ美味しく復元できることが特徴．ご飯と鮭双方の味が引き立つよう，具材のバランスに注力している．

食べ方：お湯を注入して食べる

内容量：50 g（1包あたり）（出来上り量：125 g）

エネルギー：188 kcal（1包あたり）

製造企業：尾西食品株式会社

・トマトケチャップ

抗酸化作用を有するカロテノイドの一種であるリコペンが豊富に含まれたトマトを使ったケチャップ．化学調味料，着色料，保存料を一切使用していない自然の美味しさの調味料．好みにより鮮やかなケチャップを加えることで，食事がさらに楽しくなることが期待される．

食べ方：そのまま食品にかける

内容量：12 g（1 包あたり）

エネルギー：14 kcal（1 包あたり）

製造企業：カゴメ株式会社

・野菜ソース

一般的には「とんかつソース」として馴染みのある野菜ソース．野菜，果実，酢，スパイスから醸熟製法により製造した自然な調味料である．好みにより香ばしいソースを加えることで，食事がさらに楽しくなることが期待される．

食べ方：そのまま食品にかける

内容量：8 g（1 包あたり）

エネルギー：12 kcal（1包あたり）
製造企業：カゴメ株式会社
・マヨネーズ

ISSには，米国のスペースシャトルやロシアのプログレス補給船などで，数日間の供用として生野菜が輸送されるので，サラダ調味料として使われる．また，その他惣菜等の調味料としても使用される．植物油に溶け込んだ酸素を除去し，美味しさを長く維持できる製法で作っている．
食べ方：そのまま食品にかける
内容量：50 g（1包あたり）
エネルギー：350 kcal（1包あたり）
製造企業：キユーピー株式会社
・白がゆ

微小重力空間でも飛び散りにくく食べやすいように，米の量を増や

し，粘度が高められている．水は富士山の銘水，米はコシヒカリを使用，また酸素の影響を極力取り除き，炊きたての香りを引き出す真空仕込み製法で製造されている．

食べ方：専用の加温器で温めて食べる

内容量：250 g（1包あたり）

エネルギー：113 kcal（1包あたり）

製造企業：キユーピー株式会社

・しょうゆラーメン

微小重力空間でも飛び散らないよう粘度を高めたスープ．ISS内で給湯可能な70℃のお湯で湯戻し可能な麺，一本一本の麺が飛び散らないように，湯戻し後も形状を保持する一口大の塊状麺（特許取得）が特徴．ラーメンは3種類（しょうゆ，シーフード，カレー）開発されている．

食べ方：お湯を注入して食べる

内容量：約36 g（1包あたり）（麺重量：1個約6 g×3個）

具材：エビ，豚肉，たまご，ネギ

製造企業：日清食品株式会社

・シーフードラーメン

食べ方：お湯を注入して食べる
内容量：約 35 g（1 包あたり）（麺重量：1 個約 6 g×3 個）
具材：イカ，カニカマ，キャベツ，たまご，ネギ
製造企業：日清食品株式会社

・カレーラーメン

食べ方：お湯を注入して食べる
内容量：約 46 g（1 包あたり）（麺重量：1 個約 6 g×3 個）
具材：豚肉，ポテト，ニンジン，ネギ
製造企業：日清食品株式会社

・レトルトビーフカレー

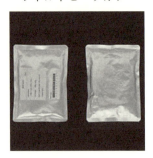

宇宙滞在における味覚の変化を考慮し，スパイシーな風味，強めな辛味［辛味順位：4（辛口）］相当となっている．栄養面では，微小重力による骨量の減少を考慮したカルシウム強化（ビタミンD，イソフラボン添加）と吸収促進，宇宙放射線による細胞の酸化を考慮したウコン（ターメリック）強化（通常製品比2倍強）が特徴．カレーは3種類（ビーフ，ポーク，チキン）開発されている．
食べ方：専用の加温器で温めて食べる
内容量：200 g（1包あたり）
エネルギー：194 kcal（1包あたり）
製造企業：ハウス食品株式会社
・レトルトポークカレー

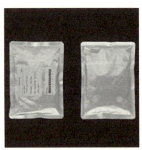

食べ方：専用の加温器で温めて食べる
内容量：200 g（1包あたり）
エネルギー：222 kcal（1包あたり）
製造企業：ハウス食品株式会社

・レトルトチキンカレー

食べ方：専用の加温器で温めて食べる
内容量：200 g（1包あたり）
エネルギー：192 kcal（1包あたり）
製造企業：ハウス食品株式会社

・サバの味噌煮

カルシウムや DHA，EPA などの栄養が豊富に含まれた和風惣菜「おかずとなる"魚"」であるサバの味噌煮．微小重力空間で液汁が飛び散ることを防ぐために，液汁に粘性をもたせ，常温保存で魚の

美味しさを保つためにレトルト技術が採用されている．ほかにイワシのトマト煮，サンマの蒲焼きがある．

食べ方：そのまま，または専用の加温器で温めて食べる
内容量：110 g（1包あたり）
エネルギー：325 kcal（1包あたり）
製造企業：株式会社マルハニチロホールディングス

・イワシのトマト煮

食べ方：そのまま，または専用の加温器で温めて食べる
内容量：100 g（1包あたり）
エネルギー：185 kcal（1包あたり）
製造企業：株式会社マルハニチロホールディングス

・サンマの蒲焼き

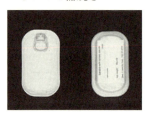

食べ方：そのまま，または専用の加温器で温めて食べる
内容量：100 g（1包あたり）
エネルギー：283 kcal（1包あたり）
製造企業：株式会社マルハニチロホールディングス

・粉末緑茶

宇宙での厳しいミッションにおいて,「お茶を飲んでホッと一息つく」安らぎ,リラックス効果は有効である.この緑茶は,茶葉からの抽出液を濃縮,噴霧乾燥するスプレードライ方式で製造され,その香りと味を封じ込めた顆粒タイプのお茶.茶殻などのゴミを出さず,軽量でお湯にサッと溶け楽しむことができる.ほかにウーロン茶もある.
食べ方:お湯を注入して飲む
内容量:1.2 g(1包あたり)
エネルギー:4 kcal(1包あたり)
製造企業:三井農林株式会社
・粉末ウーロン茶

食べ方:お湯を注入して飲む
内容量:2.0 g(1包あたり)
エネルギー:7 kcal(1包あたり)
製造企業:三井農林株式会社

・羊羹(小倉)

煉り羊羹は元来保存性の良い食品である.伝統の技と新たな技術開発に加え,原料の品質,煉り条件(温度時間),充填条件などの厳格な管理を行い,1年間の長期保存を可能としている.これはその内の小倉羊羹で,ほかに栗羊羹がある.
食べ方:そのまま食べる
内容量:62 g(1包あたり)
エネルギー:173 kcal(1包あたり)
製造企業:山崎製パン株式会社

・羊羹（栗）

食べ方：そのまま食べる
内容量：62 g（1包あたり）
エネルギー：175 kcal（1包あたり）
製造企業：山崎製パン株式会社

・黒飴

黒飴は日本を代表する伝統の飴．多くのミネラルを含む黒砂糖の素朴な風味にハチミツを加えてまろやかな味にしている．隠し味にシナモンを使い，後味をすっきりと仕上げた．心身の疲れを癒す，甘い懐かしい味となっている．
食べ方：そのまま食べる
内容量：26.5 g（1包（5個入り）あたり）
エネルギー：102 kcal（1包（5個入り）あたり）
製造企業：ヤマザキナビスコ株式会社

・ミントキャンディー

ハーブの一種である「ミント」は，日本ではハッカと呼ばれ親しまれており，「ミント」の中でも代表的な「ペパーミント」を使用した，爽やかなキャンディー．清涼感のあるメントールの香りが中枢神経を刺激し集中力を高めるとともに，すっきり感を味わうことでストレス下でのリフレッシュへの効果も期待できる．

食べ方：そのまま食べる
内容量：20.5 g（1包（5個入り）あたり）
エネルギー：79 kcal（1包（5個入り）あたり）
製造企業：ヤマザキナビスコ株式会社

・わかめスープ

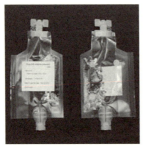

この「わかめスープ」は，微小重力空間で液体の飛散を防ぐために特殊な飲み口のついたパッケージに入っているが，通常のわかめでは飲み口の部分が詰まってしまう．これを防ぐために，わかめを細かくすることでスムーズに飲めるようにしたのが特徴．わかめは，

天然ミネラルや食物繊維が豊富で，長期滞在下での栄養補給に効果的である．

食べ方：お湯を注入して食べる

内容量：6.9 g（1包あたり）

エネルギー：19 kcal（1包あたり）

製造企業：理研ビタミン株式会社

(2) 第1次認証後に認証された宇宙日本食[†]

・キシリトールガム（ライムミント）

宇宙空間でも気軽に噛むことができる，宇宙飛行士の大切な歯のことを考えた，キシリトール配合シュガーレスガム．さわやかなライムの香りとミントの清涼感が特徴のスッキリとした味わいのチューインガムである．

食べ方：そのまま食べる

内容量：21 g（1包（14粒入り）あたり）

エネルギー：42 kcal（1包（14粒入り）あたり）

製造企業：株式会社ロッテ

---

†：2015年8月現在　ⓒJAXA（http://iss.jaxa.jp/spacefood/about/japanese/）

・プルーンエキストラクト

「プルーンエキストラクト」は,体調を整えるビタミン・ミネラル,便通をよくする食物繊維,そして抗酸化作用のあるポリフェノールなど美容と健康に大切な成分を多様に含んでいる.カルフォルニアの太陽の恵みと豊かな大地に育まれた厳選したプルーンを抽出し,着色料,保存料等を一切使用していないエキス状の食品である.
食べ方:そのまま食べる
内容量:60 g(1 包(2 本入り)あたり)
エネルギー:165.6 kcal(1 包(2 本入り)あたり)
製造企業:三基商事株式会社

第 1 次認証されたカゴメ株式会社の果実・野菜ゼリーは,2015 年に取下げられた.

・チューイングキャンディー

噛みながら，全部食べられるチューイングキャンディーで，フルーツのジューシーなおいしさと，ソフトで心地良い弾力食感が特徴．味はグレープ，ストロベリー，グリーンアップルの3種類ある．
食べ方：そのまま食べる
内容量：25 g（1包（2粒×3味，計6粒入り）あたり）
エネルギー：102.5 kcal（1包（6粒入り）あたり）
製造企業：森永製菓株式会社

・ベイクドチョコレート

表面を焼き上げているので，表面は堅め，中は柔らかなチョコレート．食べる時も，手で溶けてべたつくことがなく，宇宙船に積み込むまでの輸送中の高温にも耐えられるのが特徴である．
食べ方：そのまま食べる
内容量：10 g（1包（3粒入り）あたり）
エネルギー：58.1 kcal（1包（3粒入り）あたり）

製造企業:森永製菓株式会社

・イオンドリンク

水にサッと溶ける粉末タイプの飲み物.適切な濃度と体液に近い組成の電解質溶液のため,身体にすばやく吸収されることが特長.
食べ方:水を注入して飲む
内容量:11.1 g(1包あたり)
エネルギー:43.2 kcal(1包あたり)
製造企業:大塚製薬株式会社

　このように,認証された宇宙日本食は,野口飛行士の任務(2005年)で試験的に採用され(図30),若田飛行士の任務(2012年)で本格的に利用され(図31),その後,星出飛行士(2013年)と継続して採用されている.

　第1次認証された宇宙日本食は,内外の宇宙飛行士にたいへん好評であるが,いかんせん種類が不足しているのは否めない.中でも,主菜となる肉や魚料理が少ない.野菜料理も少ない.

　そこで,JAXAでは,新規エントリー募集を大々的に行うことにした.エントリーは2013年5月に締め切られ,JAXAによる書面審査の後,JAXA有人サポート委員会宇宙食分科会の数回の審議を経て,2014年9月に採用候補が発表された.採用候補は,今後,認証基準に従って審査が行われ,宇宙日本食メニューに追加される予定である.

図30 ラーメンを食べる野口飛行士（©JAXA）
(http://iss.jaxa.jp/spacefood/overview/japanesefood/)

表20に，新規採用候補の一覧を示した．今後，候補品が認証されれば宇宙日本食もかなりメニューが豊富になること間違いなしである．

生鮮な食品

宇宙食は，長期保存を前提としているので，レトルト食品や凍結乾燥食品がその中心となる．いわば究極の加工食品である．それは美味に設計されているし，メニューも豊富なので飛行士は食事を楽しんではいるが，長期間にわたるとやはり飽きがくる．とくに生鮮食品に対する要求が強くなる．そこで，NASAでは飛行の直前に生鮮な果物をロケットに運び込んでいる（29ページ参照）．

わが国もISSに物資を補給する運搬手段をもっている．HTV (H-II Transfer Vehicle) 別称"こうのとり"である．2015年8月

図31 持参した宇宙日本食全品を船内で陳列している若田飛行士（©JAXA）
(http://iss.jaxa.jp/spacefood/)

に種子島から打上げられた"こうのとり5号機"（図32，図33）によって，初めてJAXA独自で生鮮食品をISSに補給した．運搬した生鮮食品は柑橘類を主とした果物で，NASA同様に次亜塩素酸溶液で表面殺菌を施している．

　この生鮮食品の運搬には実はきっかけがある．というのは，2015年になって，米国のロケットが2回にわたって事故で失われ，ISSに補給を予定していた食品を届けることができなかった．ISSに滞在している飛行士たちから，生鮮食品の補給を強く要請され，急遽，NASAでは日本の"こうのとり5号機"での補給を要請してきたのである．"こうのとり5号機"ではもともと，2015年7月にISSに搭乗した油井飛行士のための食品を運搬する予定であったので，生鮮食品も併せて運搬することにしたのである．

日本の宇宙食（宇宙日本食）

表20　追加認証候補品

大分類	小分類	応募食品名	応募団体名	所在地（市区町村）
ご飯	白ご飯	白いごはん	ホリカフーズ株式会社	新潟県魚沼市
	かやくご飯	五穀玄米ごはん	株式会社 味きっこう	兵庫県洲本市
パン	菓子パン	スペースブレッド® オレンジ味	株式会社 パン・アキモト	栃木県那須塩原市
肉料理	煮物	黒毛和牛キーマカレー（鳥取県産の梨「新甘泉」入り）	株式会社 鶴太屋	鳥取県倉吉市
		種子島バナナとインギー鶏のカレー	富士興産 株式会社	東京都稲城市
		牛肉大和煮	ホリカフーズ株式会社	新潟県魚沼市
	焼き物	北海道十勝牛のカルビ焼き肉	株式会社 極食	北海道札幌市
		K&K 缶つま国産鶏ぼんじりソラチたれ焼	国分 株式会社	東京都中央区
	炒め物	細切り牛肉とピーマン	株式会社 極食	北海道札幌市
魚（魚介）料理	煮物	伊勢エビのチリソース	株式会社 極食	北海道札幌市
		サバ醤油味付け缶詰	福井県立若狭高等学校	福井県小浜市
		ちりめん山椒	宝食品 株式会社	香川県小豆郡小豆島町
	焼き物	すずきの塩焼き	株式会社 極食	北海道札幌市
		鯛の塩焼き	株式会社 極食	北海道札幌市
		紅梅味附海苔袋入	株式会社 山本海苔店	東京都中央区
	炒め物	キャベツと海鮮炒め（ほたてとキャベツの炒め）	株式会社 極食	北海道札幌市
	練り物	カニ風味かまぼこ（大）	八水蒲鉾 株式会社	愛媛県八幡浜市
野菜料理	サラダ	ひじきサラダ	株式会社 極食	北海道札幌市

分類		商品名	製造元	所在地
野菜料理	煮物	とり野菜煮（里芋の煮物）	株式会社 武蔵富装	東京都千代田区
		防災食 さつま芋のレモン煮	アルファフーズ 株式会社	東京都港区
		カロリーコントロール食品 かぼちゃ煮	アルファフーズ 株式会社	東京都港区
		なすの揚げ煮	株式会社 極食	北海道札幌市
	焼き物	焼き芋	株式会社 フーズサプライダイソー	鹿児島県鹿児島市
	和え物	ほうれん草のごま和え	株式会社 極食	北海道札幌市
汁物	汁 （和風）	つくねと野菜のスープ	ホリカフーズ株式会社	新潟県魚沼市
		みそ汁 （FD 京懐石　とん汁）	マルコメ 株式会社	長野県長野市
デザート	フルーツ	宇宙おろしりんご （ダイス入り）	キッコーマン食品 株式会社	東京都港区
		おいしくせんい　もも	ハウス食品 株式会社	東京都千代田区
	ビスケット	カロリーメイト ブロック（チーズ味）	大塚製薬 株式会社	東京都千代田区
	餅	切り餅	越後製菓 株式会社	新潟県長岡市
	羊羹	薄墨羊羹（抹茶）	株式会社 中野本舗	愛媛県松山市
飲み物	飲み物	ゼリー飲料　ウイダー in ゼリーエネルギーイン	森永製菓 株式会社	東京都港区
調味料	調味料	いつでも新鮮　塩分ひかえめ 丸大豆生しょうゆ	キッコーマン食品 株式会社	東京都港区

（2014 年 9 月現在）

⑤ 日本の宇宙食（宇宙日本食）　97

図32　"こうのとり5号"を運搬するために種子島宇宙基地に待機するH-Ⅱロケット（© JAXA）

図33　ISSに到着する"こうのとり"（© JAXA）

図34　宇宙日本食の認証マーク（©JAXA）

(http://iss.jaxa.jp/spacefood/criterion/)

市販される宇宙日本食

　メーカーが苦労して開発した宇宙日本食は，市販することができる．その際には，宇宙日本食の認証マークを付して販売できる．図34に示す2種のマークがある．左側の丸いマークは，中身は宇宙日本食と同等だが，パッケージが異なるものである．右側の四角いマークは，搭載品と全く同じものに付けられる．搭載品は，手作業で生産しているのが現状なので，現在のところ搭載品は市販されたことはない．丸マークのものは，数社から市販されている．

⑥

日常生活に生きる宇宙食の技術

　宇宙技術は，日常生活に還元することが重要である．これは，NASAでも強調されているところである．NASAの宇宙食技術は，レトルト食品，凍結乾燥食品，HACCPいずれも日常生活で大いに役立っている．

　宇宙日本食の技術は，日常生活にいかに生かされるのであろうか．

6.1 災害食

　東日本大震災，集中豪雨，土砂災害と日本でも大規模な自然災害が続いている．災害が起こるとやってくるのは，避難生活である．真っ先に必要となるのは，食事である．火が使える状況ならば，ご飯を炊いておにぎりの提供ができるが，火が使えない状況では，保存食に頼らなければならない．保存食の定番はクッキーとか乾パンとかだ．このようなものでは元気がでない．

　そこで，長期間保存が前提の宇宙食を災害食として利用できないかという提案がある．

表21 宇宙食と災害食の比較

	宇宙食	災害食	共通点
目的	宇宙滞在中に飛行士の食事を提供	大規模災害発生時に，被災者の健康維持，支援者の食事の提供	
利用者数	数名	多数	
環境	宇宙空間（環境一定）	被災地（季節を問わない）	
調達法	定期的に補給	① 備蓄 ② 被災地外から運搬	
利用期間（短期）	数週間	3日間	○
利用期間（長期）	半年	数カ月	○
保存性	1年以上	1年以上	○
栄養性	完全栄養	完全栄養が望ましい	△
嗜好性	万人に好まれる	万人に好まれる	○
衛生性	完全	必ずしも完全でなくてよい	△
調理	① そのまま食べる ② 加温，給水	① そのまま食べる ② 加温，給水 ③ 調理する	△
食器	不要	初期は不要	○
表示	必要	必要（法規制）	△
価格	高価	低廉	

（中沢孝：科学技術動向 No.144, p.15（2014）を改変）

表21に宇宙食と災害食の比較を示した．共通点が多い．

宇宙食を災害食とする最大の利点は，おいしいことである．日本の食品加工技術の粋をつくした宇宙食は，誰の味覚にも合う．食べやすいのも利点である．スプーン一つで食べられるので，お年寄りにも好まれよう．もちろん，栄養も満点である．難点は，価格が今のところ高いことである．これも，災害食としての利用が広まれば，低減することが可能であろう．

近い機会に，宇宙食が災害食として活用されることを期待してい

る．

6.2 介護食としての利用

　日本は世界に類を見ない高齢化社会である．寿命が延びるのはたいへん好ましいことであるが，介護が必要な人が増えているのも事実である．

　介護にあたって困っているのは，食事である．嚥下（飲み下し）が困難となっている高齢者に食べやすい食事を提供することが求められている．今や介護食市場は大きな市場となっており，さまざまな企業が工夫された技術で参入している．農林水産省でも，スマイルケア食として認証基準を設け，業界の後押しをしている．

　宇宙食は，無重力空間での喫食を前提としているので，寝たきりの状態でも喫食が可能である．寝たきりになってもカレーやラーメンを楽しめるのが狙いである．

　表22に消費者庁が定めた高齢者用食品の規格基準を示した．この基準をクリアした食品は，特別用途食品としてマークをつけて販売することができる．宇宙日本食も，この特別用途食品として市販可能である．

表22　嚥下困難者用特別用途食品の規格基準（消費者庁）

規格	均質のもの（たとえばゼリー状食品）	均質なもの（たとえばゼリー状・ムース状食品）	不均質なものを含む（たとえばおかゆ）
硬さ（N/m^2）	$2.5 \times 10^3 \sim 1 \times 10^4$	$1 \times 10^3 \sim 1.5 \times 10^4$	$3 \times 10^2 \sim 2 \times 10^4$
付着性（J/m^2）	4×10^2 以下	1×10^3 以下	1.5×10^3 以下
凝集性	$0.2 \sim 0.6$	$0.2 \sim 0.9$	―

6.3 機能性食品としての利用

　宇宙日本食は，宇宙飛行士の健康維持を目指して開発された．宇宙環境での飛行士にしのびよる健康障害は，無重力による骨と筋肉の萎縮，放射線による体内の酸化促進である．これは，日常生活でいえば老化と全く同じである．高齢に伴い骨が退化するのは，骨粗鬆症と呼ばれる．骨の組織からカルシウムが抜けてスカスカになってしまい，骨折しやすくなり，寝たきりの大きな原因となっている．

　体内の酸化も老化とともに進行する．肌にしわやしみができるのも，肌の細胞の酸化による．細胞の中にある遺伝子，DNA が酸化損傷するとガンの引き金となる．若いうちは損傷した遺伝子はただちに修復されるが，加齢により損傷が積み重なっていくと修復が間に合わない．高齢になると，ガンを発症しやすくなるのはこのためである．

　宇宙日本食は，飛行士の健康維持のために，さまざまな機能性物質を強化している．

　骨の強化のためには，カルシウム，ビタミン D，イソフラボンなどである．とくにイソフラボンは，最近，見つかった骨代謝の有効成分で，もともと大豆から発見された．日本人が欧米人よりも骨粗鬆症が少ないのは，大豆の摂取量が多いからともいわれる．現在，大豆イソフラボンを有効成分とする健康食品や特定保健用食品がいくつかあるが，未だ開発途上である．宇宙日本食の技術が役立つことを期待している．

　体内の酸化防止には，宇宙日本食では，植物性食品の橙色色素であるカロテノイドを活用している．宇宙日本食の「野菜飲料ゼリー」では，カロテノイドの一種のリコペンを強化している．

　リコペンを強化した健康食品は市販されているが，特定保健用食

品にはない．保健の効果が，ヒトを使った試験で証明されていないからである．特定保健用食品として承認を受けるには，保健の効果がヒトを使った試験で証明されなければならない．リコペンは，体内の酸化を防止する効果があるが，それを具体的な保健の効果ではなかなか証明できないからである．発ガン予防になるというのを人体実験で証明しようとしたら，発ガンを実験で用意しなければならないが，そんなことは倫理上大問題である．

　ただ，新しい制度として，2015 年 4 月から一般食品に機能性を表示することが認められることになった．これは，文献調査で機能性の肯定的証拠が示されれば業者の責任で，機能性表示を認めるということである．リコペンの機能性も文献では明らかなので，新しい機能性表示食品制度で商用化が期待される．

　宇宙日本食を開発した技術が，将来の健康食品の開発につながればたいへん喜ばしいところである．

未来の宇宙食

　人類を月に送り込むという壮大な計画を機に，宇宙食の技術は格段に進歩した．未来の宇宙食は，宇宙開発と切っても切れない．再び，月に行くことはJAXAや中国でも構想をもっている．NASAでは，地球から一番近い惑星である火星探査を目指している．1年以上の飛行が予想される火星探査では，宇宙食を持っていくだけでなく，飛行の途中で栽培することも考えられている．

7.1　火星探査飛行に対応する技術開発

　ISS計画の次の宇宙探検は，何になるのだろうか．再び，月着陸を目指すのか．日本では，かなりその気になっている．NASAでは，地球から一番近い惑星，火星探査を目指しているという．

　火星探査は時間がかかる．さまざまなプランがあるが，片道ほぼ1年に及ぶことは確実である．宇宙食にも短くて3年の賞味期間が必要となる．

　3年以上の賞味期間をもつ食品は，実は少なくない．缶詰や瓶詰

である．レトルト食品では，油の少ないものならば可能である．レトルト食品は，缶詰と同じに加圧加熱殺菌されているので，微生物は完全殺菌されている．賞味期間が3年に満たないのは，含まれている油が酸化して風味を損なうからである．油の酸化を抑えれば3年以上の賞味期間を得られる．

そこで，包装材に酸素を吸収する薬剤を練りこんで，包装容器内の酸素を吸収して油の酸化を防ぐことが試みられている．宇宙日本食でも導入が検討されている．

パンは賞味期間が短いが，原材料の小麦粉の賞味期間は長い．賞味期間の長い小麦粉を持ち込んで，船内でパンに加工すれば，賞味期間は関係なくなる．長期間の宇宙旅行では検討に値する．ということで，今，流行りの3Dプリンターを使った，宇宙食の製造プランがある．

7.2 3Dプリンター活用

いつでも好きな時に，ボタン一つで食事が提供されたらと思ったことはないだろうか．この夢のような話が現実になるかもしれない．

NASAは，宇宙飛行士による月や惑星探査を視野に入れた長期滞在に向け，3Dプリンターで食事を提供する研究を開始した．これはNASAにおいて，中小企業技術支援開発機構（SBIR：Small Business Innovation Research）により，2012年に採択された企画である．

現在の宇宙食は，地球から持参した食事のみである．個々に厳重包装された食事に水を加える，温める，時にはそのまま食べる．そのため，食事後の廃棄物は増加していることが指摘されている．また，食事の数も限りがあり，体調に合わせて栄養素を強化した食事を摂取することは難しい．そこで随時適切な食事が提供できるよう，

3Dプリンターを用いた研究が開始された．3Dプリンターの積層技術を活用し，主要栄養素である，でん粉，たんぱく質，脂質などに調味料や香りを組み合わせ，それぞれを順次流し入れ，層を積み重ねる．たとえば，3Dプリンターで作るピザは，まず生地の材料で外枠を描き，その後，外から内側に均等に生地が出力される．その後，生地の上にケチャップが出力され，その後チーズが出力されて層ができる．2014年9月，ISSに3Dプリンターが運び込まれ，宇宙での実験が開始された．NASAはこの実験が成功した際には，いつでも必要な時に食物の製作が可能となり，地球から近い惑星での任務効率も大きく向上すると期待している．

7.3 植物栽培

人類は宇宙で生活することが可能なのか，宇宙での植物栽培はこの問題に大きくかかわるであろう．2014年4月，日本人初のISSキャプテンを務めた若田宇宙飛行士は，ドラゴン補給船運用3号機で運ばれた野菜栽培装置の受け入れ準備も行っていた．

宇宙での野菜栽培装置はVeggieと呼ばれている．赤みの強いレタスの一種をLED光により栽培するのである．ISSの面積は限られているため，実験の装置はSBIRにより採択された米国ウィスコンシン州にある企業とNASAが共同で開発したものである（図35）．Veggieで用いる野菜は，約28日間で成長するため，宇宙空間での自給自足が可能となる．植物の成長過程，発育状態，水の使用量，成長に必要な微生物など細部にわたり観測されている．

欧州宇宙機関においても，長期間飛行に向けた研究を開始している．2005年6月には，欧州宇宙機関とフランス企業が「高級なフランス宇宙料理」を目指し11種類の特別なレシピを開発した．このレシピは，火星で栽培可能と見込まれる食材9種類，米，玉ねぎ，

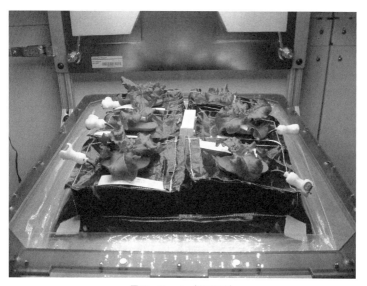

図35 Veggie（©NASA）
(http://www.nasa.gov/mission_pages/station/research/news/veggie/)

トマト，大豆，じゃがいも，レタス，ホウレン草，小麦，スピルリナ（藻の1種）が中心となっている．しかし，この9種類の食材は，レシピで使用する材料の40%であり，残りの60%はその他の野菜，ハーブ，油，バター，塩，コショウ，砂糖などを地球から持参しなければならない．公表されたレシピには，ホウレン草パンとトマトのジャム，じゃがいもとトマトのミルフィーユ，スピルリナのニョッキなどがある．スピルリナは重量の65%がたんぱく質であり，カルシウムや多くのミネラルを含むため，注目されている食材である．

おわりに

　宇宙では，何を食べているの？
　小学生が，宇宙飛行士に必ずする質問である．
　本書は，これに答えるために執筆した．
　宇宙で人類が初めて食事をしてから約50年，宇宙日本食が誕生してから約10年が過ぎた．この間，驚くほどの進歩があった．しかし，まだまだ宇宙飛行士を満足させていないと考えている．寿司や天ぷらがいつでも食べられるようにしたいし，ご飯に味噌汁，魚の干物といった典型的朝食も用意できたら，日本人飛行士にきっと喜ばれるに違いない．
　宇宙食の開発は，まだまだ続きそうである．

　本書を刊行するにあたって，お世話になった共立出版株式会社横田穂波氏，調査と原稿執筆のお手伝いをしていただいた松ノ井恵実氏に，厚く感謝申し上げる．さらに本書の紹介をしていただいた，西成勝好氏に深甚なる感謝を申し上げる．

平成 27 年 9 月

田島　眞

面白くて役に立つ

コーディネーター　西成勝好

　本書の著者は食品化学，食品の品質評価，分析の専門家であるが，消費者委員会の食品表示の専門委員として食品の安全性の問題にも長くかかわってこられた．本書にも経緯が紹介されているが宇宙日本食の仕組みを作ってこられた方でもあるので，本書の著者としては最適である．

　宇宙へ行って，無重力の下で種々の科学実験を行う宇宙飛行士の健康管理に宇宙日本食はきわめて重要な役割を果たしている．健康とは身体面のみならず，精神面でも良好な状態が保たれることが肝要である．

＜食事は栄養の他，楽しみ，くつろぎ＞

　食事とは身体の維持，エネルギーの補給だけではなく，精神的な充足を与えるものである．頻繁に引用される言葉であるが，フランス革命のころに活躍したブリアサバランは「美味礼讃」の中で「おいしい料理の発明は新しい天体の発見より，人類の幸せにとって大切である」といっている．普通の人にとって毎回の食事は楽しみでもあり，家族，友人，仲間などとの交流の機会でもある．宇宙飛行士といえども人間である．使命感に燃えていてもあまりに長いこと味気のない食事だけでは健康に障害の出る恐れもあろう．

　モリエールの喜劇に出てくる天文好きの才女などは本人は気取っている気はないのであろうが，庶民には食べるものすら十分にはな

かった時代に，どんなものだろうかとも思われる．しかし，現代では宇宙探索は現実の課題になってきた．宇宙旅行などは物好きな富豪にしか関係がないと思う人も多かろうが，宇宙での各種の科学実験により地上では得られない成果も出ているようであり，普通の人の生活にも役立つような知識が蓄積されている．科学技術の進歩は人間の思考，感情に大いに影響を与えるが，人間が人間である限り，夢を持つことも大切である．と同時に，毎回の食事の役割を否定することはできないであろう．

　宇宙日本食誕生以前には米国とロシアの食品しかなかった．宇宙航空研究開発機構（JAXA）の松本暁子博士が精神面からのサポートとして日本の味，郷土の味，おふくろの味，を取り入れようと考えられたのは慧眼なことである．食品産業，食品行政，食品科学工学の研究者から構成される日本食品科学工学会がJAXAの依頼を受け，食品会社に呼び掛けて宇宙飛行士のための食事開発に取り組んできたことは誠に時宜を得たことであった．本書の著者は，当時日本食品科学工学会副会長であったが，以後この一連の取組みにおいて一貫して指導的役割を果たして来られた．学会の要請に応えて，日本の食品企業が夢のある仕事に向かって協力し，いくつもの素晴らしい食品を製造した．

　本書は宇宙日本食の歴史，宇宙飛行士の食事に関して明快に解説している．時折出てくる専門的な事柄についても，食品科学のことを勉強したことがなくてもわかりやすい解説がついており，すらすらと読めるようになっている．食品の科学などということについて，少しも勉強したことがない人にも，実は食品の科学は面白いのだと思わせる内容でもある．

　また，外国の宇宙飛行士の食事などを見ると，まるでその国へ旅行したような気分にもさせてくれるのも本書の特徴である．もちろ

ん，宇宙開発に関係している国に限られるので，開発途上国の食事は出てこないが，宇宙に出かけるにも，その国の特有の料理などが出てくるのも面白いことである．

＜宇宙の生活の研究は地上の生活改善に役立つ：夢だけではなく実利にも結びつく＞

　さらに重要なことは，宇宙食は宇宙でだけ役に立つのではなく，この開発において使われた技術が災害食，非常食の改善にも応用が効くことである．保存性も良く，調理の手間もかけられないという点で共通しているからである．1995年の阪神淡路大震災，2011年の東日本大震災などきわめて大きな災害だけではなく，多くの人が避難を余儀なくされるような災害が頻発しているが，このような時に避難している人たちを助け一日も速い復興のために，食事が果たす役割は大きい．

　さらには，宇宙でさらされるさまざまな危険因子（無重力下での骨や筋肉の退化，放射線被曝など）から人間を守るという点で，骨や筋肉の増強，カルシウムや抗酸化成分の強化などの視点は健康の維持・増進のための食品の開発にもつながるものである．

　地球の外に生命が存在するのか，存在したことがあるのか，現在の人類の手の届くところにはなさそうだが，そのうちに見つかるかもしれないし，植物や動物の栽培や飼育も可能になるかもしれない．現在ではわからない可能性にチャレンジすることはとても素晴らしい夢のような話である．特に，医学関係の実験が多いが，高齢化社会に問題となっている骨粗鬆症や筋無力症などの治療に結びつく知見が蓄積されている．このようなことの探求をする宇宙飛行士はまずは健康を維持していることが必要だが，この人たちをサポートするのに食事はとても大切である．いかに使命感に燃えていても，健

康を害しては良い仕事ができないのは当然である．

＜科学は危険か，悪いのか＞
　文豪ゲーテは，世界のもとには新しいことはないという意味のことを述べている．彼は文豪であるが，顎間骨を発見したことでも有名である．「発見」というのはそれまでに知られていなかった「もの」や「こと」を見つけることである．したがって，彼はそのことを知っていたにもかかわらず，新しいことはないといっている世界は，精神世界のことであろう．確かに，古代文明以来の古典と呼ばれるものには，時代を超えて人間の心を打つものがある．心を打たれるということは，心のありようが共通しており，古代人も現代人も人間として同じように感じたり，考えたりするということであろう．そのように普遍的な面が存在することは確かであろうが，一方で人間の感じ方や考え方が科学技術の進歩で変わっていくことも確かであろう．

　郵便が生まれても，貧しい親子が安否確認だけの封筒を透かし見して無事であることを知って，料金を払わず開封せずに配達夫に返すなどという昔話も，今のようにインターネットが普及して携帯電話やスマホなどが使えるようになると，何の話だろうと理解もされないかもしれない．

　ラブレーがガルガンチュア物語で排泄のことを話題にしているのは，王侯貴族や美女でも避けられない問題であるからで，お尻を拭くのに小さなガチョウがもっとも良いなどという話をしているのは，温水洗浄便座を使う時代に生まれた人には何のことやらピンとこないであろう．

　一方で，試験管ベビーが生まれるようになって，生まれるときから人間にランク付けがなされて，人間は嫉みや憎しみを持つことも

なく，下層ランクの人間は社会に必要な，今でいう危険で，汚く，きつい 3K 仕事にも黙々と従事するような管理社会を描いて科学至上主義に疑問を呈したハックスレーや，「1984 年」のオーウェル，「反＝科学史」のチュイリエなどは，すべての問題が細分化されそれぞれの問題に関する「専門家」が主導する社会の不気味さ，危うさ，味気なさを心配している．

　一般には，理系の世界においては，専門外のことに口出しをするのは専門家の態度として不謹慎であるか，危ないと思われている．しかし，すべての科学者が細分化が進む科学の世界でこのような態度でいると隙間に盲点が生じてとんでもない危険が生じることのないように期待したい．それには，分野の違う専門家が意見をぶつけ合って相互理解に努め，科学の健全で調和のとれた発展を期するということであろう．

　宇宙食というと，何か味気のないカプセルのようなものを連想する人もいるかもしれないが，この本では総合的に宇宙日本食の生まれた経過，その過程でのさまざまな専門家の協力が描かれており，感動的ですらある．上に述べた科学に対する危惧に対してどのように答えるべきかの 1 つの模範解答になっている．

　さらに，毎日食べている食べ物であるが，食品とはなんだろうということに関心を持たれた読者には田島さんの食品学の教科書を読むことを勧める．

　さらに，宇宙食のことを詳しく知りたければ，平成 10（2007）年 12 月 7 日に開催された日本食品科学工学会のシンポジウム講演資料集「宇宙日本食の開発をめぐって」および各社の製造した食品については同学会のサイト，同学会誌の J-Stage で閲覧できる．また，JAXA 宇宙航空研究機構のサイトでも宇宙食を紹介している．

索　引

【欧文】

Agenzia Spaziale Italiana　40
ASI　40
CNES　38
CSA　41
ESA　28, 40
HACCP　6, 27
ISS Food Plan　10, 17, 48
PFC 比率　73
SBIR　105, 106
the Canadian Space Agency　41
the Centre National d'Etudes Spatiales　38
United States Alliances　9, 29
Veggie　106

【あ】

アポロ11号　3
アポロ計画　4, 23, 25
イソフラボン　15, 102
宇宙食専門家委員会　44
宇宙食分科会　10, 68
宇宙日本食専門家委員会　9
宇宙日本食認証基準　45

【か】

カルシウム　15, 22, 45, 48, 102
カロテノイド　17, 45, 102
官能検査　49
機能性表示食品制度　103
ケネディ宇宙センター　29
減圧検査　57, 64
原料食品　46, 47
抗酸化ビタミン　48
抗酸化物質　17, 45
こうのとり　54, 93

【さ】

最終食品　46
次亜塩素酸　32
次亜塩素酸溶液　94
ジェミニ計画　1
商業的無菌食品　46
食物繊維　20
神舟6号　38
スパウト　64
スペースシャトル計画　6
セレン　22

【た】

中間水分食品　29, 53, 54
中小企業技術支援開発機構　105
調理適合性検査　57
糖アルコール　54
凍結乾燥技術　3, 25
凍結乾燥食品　4, 26, 29, 63
特定保健用食品　103
特別用途食品　101

【な】

日本食品科学工学会　9, 44

日本人の食事摂取基準　20, 21
認証マーク　98
粘度　51
燃料電池　25

【は】

ビタミンD　15, 21, 45
フードラボ　29, 34, 52
フリーズドライ　3, 25
分岐鎖アミノ酸　15, 45
ベルクロ　67
放射線　16
放射線照射食品　29
放射線曝露　17
ボーナス食　7, 9, 35
骨の代謝　14

【ま】

マーキュリー計画　2

【や】

有人サポート委員会　10
葉酸　21

【ら】

ラベリング　66
リコペン　71
レトルト食品　4, 23, 29
レトルトパウチ技術　3

memo

memo

memo

memo

memo

著 者

田島 眞（たじま まこと）

1971年 東京大学大学院農学研究科博士課程修了 農学博士
現 在 実践女子大学名誉教授・学長

コーディネーター

西成勝好（にしなり かつよし）

1971年 東京大学大学院理学研究科博士課程単位取得満期退学 理学博士（1976年）
現 在 湖北工業大学特別招聘教授・大阪市立大学名誉教授

共立スマートセレクション 2
Kyoritsu Smart Selection 2
宇宙食
―人間は宇宙で何を食べてきたのか
Space foods
―what does man eat in space?

2015年11月10日 初版1刷発行
2016年 9月10日 初版2刷発行

著 者 田島 眞 © 2015
コーディ
ネーター 西成勝好
発行者 南條光章
発行所 共立出版株式会社
郵便番号 112-0006
東京都文京区小日向 4-6-19
電話 03-3947-2511（代表）
振替口座 00110-2-57035
http://www.kyoritsu-pub.co.jp/

印 刷 大日本法令印刷
製 本 加藤製本

検印廃止
NDC 588, 538.97

ISBN 978-4-320-00902-8

一般社団法人
自然科学書協会
会員

Printed in Japan

JCOPY ＜出版者著作権管理機構委託出版物＞
本書の無断複製は著作権法上での例外を除き禁じられています．複製される場合は，そのつど事前に，
出版者著作権管理機構（ＴＥＬ：03-3513-6969，ＦＡＸ：03-3513-6979，e-mail：info@jcopy.or.jp）の
許諾を得てください．

露木英男・田島 眞［編著］

食品学
― 栄養機能から加工まで ―
第2版

本書は2002年の初版発行以来，管理栄養士・栄養士養成施設を中心に広く利用されてきた。食品学の進歩は著しい。とくに食品の三次機能，すなわち生理機能の解明は日進月歩である。さらに，日本食品標準成分表が五訂から五訂増補版に改訂された。それらにともない，第2版では栄養機能のデータを更新し，法規制の改正にも対応させた。また実際の利用者からの意見を取り入れ内容の充実を図った。

【主要目次】 食品／食品の歴史的変遷と食物連鎖／食品の栄養と機能／食品の嗜好と品質／食品の安全と衛生管理／食品の物性／食品各論／新開発食品／食品の鑑別／食品についての情報収集法／付録：食品表示と法規………他

● B5判・並製本・188頁・定価（本体2,900円＋税）●

食品加工学
― 加工から保蔵まで ―
第2版

本書は，新しい管理栄養士・栄養士養成カリキュラムに対応したテキスト。重要な用語は2色刷りとし，加工過程については図やフローチャートにより分かり易く記述した。また，発展が著しい新食品加工技術についても詳記し，食品の表示制度など法規制についても最新の情報を記載。品目別に加工法と加工食品が記述されているので，食品に係る職業人が加工食品について学ぶのに適している。

【主要目次】 食品加工とは／食品の保存の原理／殺菌技術／農産食品の加工／水産食品の加工／畜産食品の加工／発酵食品／飲料と嗜好品／油脂の加工／新加工技術／食品包装／食品添加物／食品の規格と表示／索 引………他

● B5判・並製本・164頁・定価（本体2,900円＋税）●

http://www.kyoritsu-pub.co.jp/　**共立出版**　（価格は変更される場合がございます）